广东省全面推行林长制典型事例汇编 2022

广东省全面推行林长制工作领导小组办公室
广东省林业局林长制研究中心 ◎ 编
广东省林业科学研究院

中国林业出版社
China Forestry Publishing House

图书在版编目（CIP）数据

广东省全面推行林长制典型事例汇编. 2022 / 广东省全面推行林长制工作领导小组办公室，广东省林业局林长制研究中心，广东省林业科学研究院编. -- 北京：中国林业出版社，2023.3

ISBN 978-7-5219-2176-2

Ⅰ. ①广⋯ Ⅱ. ①广⋯ ②广⋯ ③广⋯ Ⅲ. ①森林保护—责任制—经验—广东— 2022 Ⅳ. ① S76

中国国家版本馆 CIP 数据核字（2023）第 060547 号

责任编辑　于界芬

出版发行	中国林业出版社（100009，北京市西城区刘海胡同 7 号，电话 83223120）
电子邮箱	cfphzbs@163.com
网　　址	www.forestry.gov.cn/lycb.html
印　　刷	北京博海升彩色印刷有限公司
版　　次	2023 年 3 月第 1 版
印　　次	2023 年 3 月第 1 次印刷
开　　本	787mm×1092mm　1/16
印　　张	12.5
字　　数	196 千字
定　　价	98.00 元

《广东省全面推行林长制典型事例汇编（2022）》
编委会

主　　任　陈俊光

副 主 任　李云新

委　　员　王万炎　龙永彬　张友捷　邓鉴锋　胡淑仪　李义良
　　　　　冯慧芳　张宏伟　林　伟　叶金盛　汪　锋　尧　俊

主　　编　邓鉴锋　胡淑仪　李义良　冯慧芳

副 主 编　张宏伟　尧　俊　梁东成　林　伟

参编人员　（按姓氏笔画排序）
　　　　　文佳玲　叶龙华　叶光英　叶金盛　冯冰冰　匡蓉琳　李　宁
　　　　　李　翔　李艺华　李海燕　李雪清　李淑玲　杨　鹏　肖　可
　　　　　肖　路　时锦怡　吴建明　何铭涛　汪　锋　张　艺　张　志
　　　　　张　峰　张亚男　张艳武　林劲松　罗国锋　郑嘉霖　赵艳新
　　　　　杨林逸舒　洪　维　钟政宽　贺应科　骆必刚　聂金伦　柴　源
　　　　　徐　斌　徐仕菲　黄海锋　曹元章　梁华健　蒋竹荣　曾敏贤
　　　　　赖繁石　蔡楚君　蔡锦芳　谭文福

序 言

习近平总书记在党的二十大报告中指出:"尊重自然、顺应自然、保护自然,是全面建设社会主义现代化国家的内在要求。必须牢固树立和践行绿水青山就是金山银山的理念,站在人与自然和谐共生的高度谋划发展。"这是习近平总书记对推动绿色发展、促进人与自然和谐共生作出的重大决策部署和安排,为推进美丽中国建设指明了前进方向。2021年年初,党中央发布《关于全面推行林长制的意见》,决定在全国全面推行林长制。这是习近平总书记亲自部署推动的一项生态文明建设的重大改革举措,是以习近平同志为核心的党中央站在国家发展全局和增进民生福祉的战略高度作出的一项重大决策部署。

广东是"七山一水二分田"的林业大省,省委、省政府历来高度重视林业生态建设。迈入"十四五"新的发展阶段,广东牢记习近平总书记的亲切关怀、殷殷嘱托,深入践行习近平生态文明思想,贯彻落实党中央关于林长制的决策部署,在2019年试点林长制的基础上,省委、省政府立足新发展阶段,贯彻新发展理念,于2021年8月出台了广东省《关于全面推行林长制的实施意见》,全省全面推行林长制。一年多来,全省上下紧密配合、真抓实干,按照"1+1+9"工作部署,统筹推进山水林田湖草沙系统治理,全面推行林长制,率先在全国设立"双总林长",划定广东特色的省级林长责任区域,印发了林长会议、部门协作等7项林长制相关制

度，实施绿美广东大行动，开展林长绿美园认定，形成了保护发展林业资源的强大合力，取得了显著成效。截至 2022 年 10 月底，全省已全面建立起五级林长制体系，设立各级林长 9.7 万名，聘用护林员近 3.7 万名，落实监管员 2.8 万名。

全面推行林长制，重在推进机制创新。为了及时挖掘、总结、梳理各地市在全面推行林长制方面的创新经验，更好地指导各地市推深做实林长制，广东省全面推行林长制工作领导小组办公室牵头，联合广东省林业局林长制研究中心、广东省林业科学研究院、广州绿粤科创林业有限公司编印了《广东省全面推行林长制典型事例汇编（2022）》一书。该书系统总结提炼了广东各地全面推进林长制过程中所形成的可复制、可推广的创新经验，重点梳理了各地在创新林长履职方式，压实林长责任及丰富"林长+"工作模式等方面的典型做法与经验，同时还详细介绍了各地推动绿美广东生态建设的好经验及助力乡村全面振兴的好措施等探索实践。该书可为广东推深做实林长制提供典型做法和创新举措，促使林长制由"全面建立"向"全面见效"跨越；同时为加快建成人与自然和谐共生的美丽广东提供经验启示和实践路径。

广东省林业局局长

2022 年 12 月

前言

　　林长制是以保护发展森林草原资源为目标,以压实地方党委政府领导干部责任为核心,构建由省、市、县、镇、村党委政府主要领导担任林长的责任体系,实现党委领导、党政同责、属地负责、部门协同、源头治理、全域覆盖的林草资源保护发展长效机制。全面推行林长制是今后一个时期森林草原资源保护发展的重大制度保障和长效工作机制,是以习近平同志为核心的党中央作出的重大决策部署,已经成为增强政治自觉,贯彻落实习近平生态文明思想的重大实践。

　　广东省成立了高规格的省全面推行林长制工作领导小组,高位推动林长制建设,以绿美广东生态建设作为全面推行林长制的重要抓手,推行具有"广东特色"的林长制。目前,广东已全面建立省、市、县、镇、村五级林长制体系,设立各级林长97362名,聘用护林员36639名,落实监管员28059名;陆续签发了第1、2号省总林长令,各级林长以目标、问题为导向,深入开展巡林工作912415次,林长制治理效能进一步显现;林长制督查考核全面实施,多项林业重点工作加速推进;认定了第一批省级林长绿美园,创新打造了各级林长履职尽责的广东示范样板区域等。

　　在全面推行林长制过程中,广东各地因地制宜,在林长履职尽责方式、推动绿美广东生态建设、助力全面乡村振兴等方面积极探索,取得了明显的成效,形成了一批典型经验和做法。为贯彻落实好党中央和省委、省政府关于林长制工作最新部署要求,深入发掘林长制工

作亮点，总结推广典型经验，在全省范围内形成相互借鉴、共同提高的良好工作局面，加快广东省林业治理体系建设和治理能力现代化建设，广东省全面推行林长制工作领导小组办公室印发了《关于开展2022年广东省全面推行林长制典型事例征稿的通知》，要求从全省范围内广泛征集各地在林长履职与责任落实、林长制制度建设及实施运行、林长制信息化建设、森林资源监管、森林生态修复、自然保护地体系建设、森林资源灾害防控、全面深化林业改革及加强基层基础建设等方面的典型事例。各市、县、区、乡镇的林长办（或林业主管部门）积极响应，认真总结及报送稿件。截至2022年11月底，共收集各地报送的典型事例约92篇。

本书编委紧扣广东省2022年度全面推进林长制的重点任务，采取实地调研、召开座谈会、查阅资料等方式，对征集的稿件进行系统梳理、分析研判，最终从创新林长制管理模式、推动绿美广东生态建设和助力全面推进乡村振兴三大方面，筛选出32个典型事例，汇集成本书，以期为广东各地下一步推深做实林长制提供参考和借鉴，乃至为全国深入推进林长制提供可推广、可复制的广东经验。

改革永远在路上，林长制改革是一项持续创新的探索实践。近日，《中共广东省委关于深入推进绿美广东生态建设的决定》中提出，要突出"绿美广东"引领，高水平谋划推进生态文明建设，努力探索新时代绿水青山就是金山银山的广东路径。今后，广东省全面推行林长制工作领导小组必须紧紧围绕省委、省政府最新决策部署，妥善完成广东科学绿化、生态资源监管、生物多样性保护、助推乡村振兴高质量发展及统筹推进"两园一中心"建设等方面的重点任务，系统总结广东各地高标准推进绿美广东生态建设的典型经验及创新做法，同时持续开展林长制理论研究，为广东推深做实林长制提供支撑。

本书在编著过程中，得到广东省林业局各处室、直属各单位，各地级以上市、各县（市、区）林业主管部门及林长办等单位的大力支持与协助，得到广东省林学会、华南农业大学、广东生态工程职业学院及广东省岭南院勘察设计有限公司等单位专家的指导，在此一并致以深切的谢意！由于编者的水平和经验有限，敬请广大读者提出宝贵意见。

编委会
2022年12月

目录

序言

前言

第一部分　创新林长制管理模式

坚持"一盘棋",推动林长制落地见效	茂名市林长办	3
网格化管理与两法衔接并举,创新林业执法监管新形态	清远市林长办	7
创新"两长三员"基层管护机制,实现林业在保护中发展	肇庆市林长办	14
创新林业行政执法体制,开创森林资源保护新局面	肇庆市林长办	19
建设"智慧林长"信息平台,压实各级林长责任	东莞市林长办	23
全方位推动林长制宣传,凝聚全社会参与林长制向心力	汕头市濠江区林长办	27
探索"三长联动"机制,合力牢筑生态屏障	清远英德市林长办	32
构建"三网三员三资"新模式,打通林长治林"最后一公里"	清远市佛冈县林长办	36
"警长蓝"护航"生态绿"	江门开平市林长办	40
探索"四个一"管护机制,强化古树名木保护	江门台山市林长办	44
创新"林长+古树名木"管理,留住"银杏之都"乡愁记忆	韶关南雄市林长办	48
推行森林警长制,护航生态安全	韶关市翁源县林长办	53

第二部分　推动绿美广东生态建设

"创森"亮丽风景线,绿意围韶城	韶关市林长办	59
"五个坚持"推进治漠治贫,石漠荒山披新绿	韶关市林长办	64
"海岸带林长"海陆统筹治理,推动国际红树林中心建设	深圳市林长办	70
聚焦生物多样性保护,彰显野性潮州生态魅力	潮州市林长办	75

多管齐下护古树，推深做实共护林	珠海市高新区林长办	79
"林—河"两长联动，助力湿地公园生态建设	韶关市翁源县林长办	84
推进防灭火规范化试点建设，探索预防管控新模式	广州市增城区林长办	89
"林长＋防火"——探索"空天地"一体化防火新模式	惠州市博罗县林长办	94
推进自然生态文明建设，打造高品质森林城市	佛山市顺德区林长办	99
推动海岛林业增绿添彩，打造南澳"两山"样板	汕头市南澳县林长办	103

第三部分　助力全面推进乡村振兴

以全面推进林长制为抓手，推动林业产业发展	梅州市林长办	109
探索陈皮产业新模式，发挥国家级品牌效应	江门市新会区林长办	114
创新推广"产业林长"，实现保护与发展共赢	广州市增城区林长办	119
发展油茶特色产业，助力基层林农增收	茂名高州市林长办	123
强化国有林场示范作用，探索林业生态产品价值实现	梅州市蕉岭县林长办	128
聚焦"四绿"，擦亮"森林小镇"品牌	东莞市樟木头镇林长办	132
民间林长积极带头示范，加快"绿水青山"价值转化	河源市紫金县林长办	137
实施创新驱动发展战略，构建林下经济发展新格局	肇庆市广宁县林长办	140
健全林长制工作制度，推动林业发展迈入快车道	梅州市平远县林长办	144
践行"两山"理念，推深做实林长制	江门开平市林长办	149

参考文献　　　　　　　　　　　　　　　　　　　　　　　155

附　录　　　　　　　　　　　　　　　　　　　　　　　　157

广东省委、省政府《关于全面推行林长制的实施意见》	158
《绿美广东大行动实施方案》（节选）	164
广东省级智慧林长综合管理平台简介	175
广东省林长绿美园申报认定指引（试行）	183

第一部分
创新林长制管理模式

广东省深入贯彻党中央、国务院关于全面推行林长制的决策部署，2020年12月在全国率先明确了由省委书记担任省第一总林长、省长担任省总林长的"双总林长"模式，将全省划分为鼎湖山、南岭、阴那山、罗浮山、莲花山、云开山等6个生态区域作为省级林长的责任区域。2021年，省委、省政府出台了《关于全面推行林长制的实施意见》，省林长制领导小组印发了林长会议、信息公开、部门协作、工作督查、考核办法、林长巡查、领导小组工作规则等7项制度。截至目前，全省基本建立了省、市、县、镇、村五级林长体系，构建了以村级林长、基层监管员、护林员为主体的"一长两员"森林资源源头管护机制和总林长令发布机制，强化责任落实；初步建成全省统一的"智慧林长"信息化综合管理平台，并对接粤政易、粤省事公众端口，为社会公众提供参与森林资源保护发展工作的平台。

与此同时，全省各地结合自身实际，积极创新林长制管理模式，如：出台了地方全面推行林长制工作方案和相关配套制度文件，探索建立"一长三员""两长三员"等林长履职工作制度，畅通基层林长履职"最后一公里"；创新实施一系列"林长+河长""林长+检察长""林长+警长"等"林长+"工作机制，强化部门联动，推动林业行政执法监管体系建设；通过划定相应的责任区域，进一步完善护林员网格化护林模式，提升源头管理及应急处置能力；全方位做好林长制宣传工作，让群众成为林长制的推动者、参与者和受益者等。典型事例有茂名市坚持"一盘棋"，推动林长制落地见效；清远市做到网格化管理与两法衔接并举，创新林业执法监管新形态；肇庆市创新"两长三员"基层管护机制，实现林业在保护中发展；肇庆市创新林业行政执法体制，开创森林资源保护新局面；东莞市建设"智慧林长"信息平台，压实各级林长责任；汕头市濠江区全方位推动林长制宣传，凝聚全社会参与林长制向心力；清远英德市探索"三长联动"机制，合力牢筑生态屏障；清远市佛冈县构建"三网三员三资"新模式，打通林长治林"最后一公里"；江门开平市实施"警长蓝"护航"生态绿"；江门台山市探索"四个一"管护机制，强化古树名木保护；韶关南雄市创新"林长+古树名木"管理，留住"银杏之都"乡愁记忆；韶关市翁源县推行森林警长制，护航生态安全等。各典型事例为各地完善林长制责任体系，创新林长履职方式提供了可复制、可推广的经验与做法。

坚持"一盘棋",推动林长制落地见效

茂名市林长办

茂名市位于广东省西南部,自然资源丰富,是广东省森林、海洋、湿地三大生态体系最完备的地区之一,全市森林面积63.65万公顷,林业用地面积58.38万公顷,森林蓄积量3292.03万立方米,森林覆盖率55.70%。然而,多年来由于个别地方党委政府不够重视,组织责任体系尚未健全,管理制度体系不够完善,宣传普法工作不够到位,导致松材线虫病疫情防控、古树名木保护、野生动物保护、森林督查、森林防火等工作面临较多困难,形势尤为严峻,急需构建由党政引领、部门协同、全域覆盖的长效机制。随着林长制的全面推行,茂名市深入学习贯彻习近平生态文明思想,严格按照党中央和省委、省政府的部署要求,迅速行动,探索创新,全面建立四级林长体系,科学确定林长责任区域,推动林长制落地见效。

一、主要做法

(一)坚持全市"一盘棋",实现林长组织体系全域覆盖

茂名市成立了市全面推行林长制工作领导小组,由市委书记担任组长,市长担任常务副组长,联系区(县、市)及经济功能区的市领导担任副组长,相关职能部门主职领导担任成员,明确了各职能部门工作职责。领导小组办公室设在市林业局,承担领导小组日常工作。茂南区、电白区、高州市、化州市、信宜市均设立公益一类事业单位林长制事务中心,落实专门机构、专职人员承担林长制实施过程中的具体工作,为林长制工作开展提供了保障。

(二)探索建立"新机制",实现各级成员单位协同共治

茂名市检察院、市林业局、市城管执法局联合签订《关于加强古树名木保护领域协作机制》,为古树名木保护撑起司法"保护伞"。高州市建立"林长+警长"协作机制,电白区、化州市、信宜市建立"林长+检察长"公益诉讼协作机制,加强部门横向协作,共同抓好森林资源管护工作。高州市整合镇村党员干部力量,建立网格"一长三员"管护模式,并将网格管护面积从4500亩细分到800亩,实行清单式管理,有效减轻了基层网格员的负担。化州市建立镇村级林长巡山护林制度,进一步落实林长保护发展森林资源目标责任,推动林长履职尽责。信宜市统筹森林资源管护各项资金,保障辖区内护林员资金补助从300元/(月·人)提升到800元/(月·人),提高了护林员工作积极性。

茂名市全面推行林长制工作动员会　　加强古树名木保护领域协作机制会签仪式

(三)落实林长"责任制",实现森林资源管护全面统筹

围绕森林资源全方位保护管理目标,茂名市将全面推行林长制工作列入市委全会、市政府工作报告重要内容,作为年度重点工作任务推进,还将林长制工作纳入茂名市高质量发展综合评价体系,参与全市年终联合考核。目前,全市市、县、镇、村四级林长共11708名,实行分区(片)负责制,组织领导责任区域森林资源保护发展工作。2021年11月,高规格召开了"茂名市全面推行林长制工作动员会"。2022年,市政府先后9次召开常务会议、专题会议,研究部署森林督查、重大林业有害生物防控、科学绿化、森林防灭火等工作。先后出台《茂名市松材线虫病疫情防控五年攻坚行动实施方案(2021—2025年)》和《茂名市科学绿化实施方案》等林业政策;先后

两次召开全面推行林长制工作领导小组会议，审议通过《茂名市森林防火规划（2021—2025年）》，对林长制督查考核重点工作任务进行全面部署。

（四）组建林长"统帅团"，实现林长巡林上下联动

各级林长按照林长巡查制度要求，以目标和问题为导向，认真落实巡林责任，陆续签发了《关于各级林长开展巡林工作的令》，并建立市、县、镇三级林长包案机制，各级林长牵头推进森林督查发现问题查处整改工作。2022年9月，市第一林长亲自挂帅巡林，督导森林防火、候鸟保护、自然保护地建设等工作。分管林业工作的市级副林长在一次巡林时发现河岸两旁薇甘菊泛滥，林地中红火蚁遍布，便立即指示林业部门加强除治，并先后四次召开专题会议，研究林业重大有害生物防治工作，有力地推动了薇甘菊、红火蚁等林业有害生物的防治。

二、工作成效

（一）实现了"树有人种、林有人护、山有人巡、事有人管、钱有人出、责有人担"的目标

2021年，全市完成造林与生态修复10.25万亩*，大径材培育2.51万亩；2022年，全市完成高质量水源林造林2.79万亩，沿海基干林带造林293亩，社会造林11795亩。截至2022年10月底，全市聘用护林员1876名，落实监管员3497名，切实加强了森林资源保护和森林防灭火工作。根据《关于全面推行林长制的实施方案》要求，建立由各级党政领导担任林长的市县镇村四级林长组织体系，全面统筹责任区域内森林资源保护发展方面的工作，逐步形成工作合力。全面推行林长制以来，全市四级林长协调解决涉林事件700多宗，从根本上解决了保护发展森林资源力度不够、责任不实等问题。

（二）推动了资源高效率保护、林业高质量发展

全市各级林长牢固树立林长制就是"责任制"的意识，科学谋划、统筹推进，促进了森林资源高质量发展和高效率保护。一是带动了城乡绿化美化提质增效。目前，全市城区绿化覆盖率44.27%，道路绿化率96.63%，公园

---

* 1亩=1/15公顷，下同。

绿地面积 3356.09 公顷，建成乡村绿化美化示范点 739 个，森林质量精准提升 84922.85 公顷，荣获"国家森林城市"称号。二是提高了森林资源保护管理能力。2022 年，全市完成 2021 年森林督查发现问题查处整改 657 宗，查处整改率 98.5%。出台《茂名市古树名木保护管理办法》《茂名市野外火源管理办法》《茂名市森林防火联防条例》等文件，层层压实各级林长主体责任。三是促进了林业产业做大做强。目前，茂名市已培育出国家林业重点龙头企业 2 家、省级林业龙头企业 12 家、省级林业专业合作社示范社 9 个以及省级示范家庭林场 1 个等一批龙头新型林业经营主体，并建成了国家林下经济示范基地 2 个、省级林下经济示范基地 6 个、省级林下经济示范县 1 个、省级森林康养基地（试点）1 个、森林生态综合示范园 3 个及广东省林业特色产业发展基地 3 个等一批国家级、省级示范县、示范基地。2021 年全市实现林业产业总产值 226.12 亿元。

三、经验启示

（一）提高政治站位，提升林长履职效能

认真学习贯彻党的二十大精神，坚决落实中央和省关于全面推行林长制的决策部署，进一步推深做实林长制工作。加强组织领导和统筹谋划，严格督导考核，强化结果运用，切实抓好全面推行林长制各项工作任务。

（二）完善保障措施，夯实林长体系基础

凝聚"林长+警长"和"林长+检察长"队伍合力，形成协调联动、齐抓共管的工作格局。探索建立林长制保障机制，市级争取设立林长制专职机构和配套林长制专项资金，落实护林员专项补助，提高护林员巡山护林积极性；充实林长办工作力量，确保各项工作有序开展。

（三）加强宣传教育，提高全社会参与度

通过中央和省、市主流媒体以及门户网站、微信公众号、公示牌、宣传栏、工作简报等途径，全方位宣传林长制各项工作，提升社会大众对林长制工作的关注度，调动多元化社会力量参与林长制建设。

网格化管理与两法衔接并举，创新林业执法监管新形态

清远市林长办

自森林公安转隶后，市级没有了从事林业执法（行政处罚）的专门队伍，而县（市、区）林业主管部门目前也没有用于独立设置林业行政执法机构的编制和用于执法人员的编制，缺乏专职的林业行政执法队伍。而现有的镇街林业行政执法人员包括法制审核人员，都不是专业执法编制，在编入执法队伍前基本没有参加过林业行政案件的查处，大部分人员没有接受过行政执法的相关业务培训，因此其业务水平远远不能满足林业行政执法工作要求。这就造成了镇街对于专业性强、需要专业人才及专业设备的事项难以承接，部分下放权限事项到镇街会出现接不住、管不好的情况。

为解决上述问题，清远市创新体制机制，一是按照市委书记、市第一林长提出的综合网格化管理新要求，全市以全面推行林长制为契机，构建了以林长、基层执法员、监管员和护林员为主体的"一长三员"机制，真正将保护责任网格化落到实处，打通林业执法的"最后一公里"，让镇街接得住、管得好，实现"山有人管、林有人造、树有人护、责有人担"的目标。二是在综合网格化管理的基础上，加强林业行政执法部门和检察机关两法衔接，建立"林长+检察长"协作工作机制，推动检察监督和行政履职同向发力，与以"一长三员"为主要抓手的综合网格化管理形成叠加效应，共同形成强大的森林资源执法监管合力。

一、主要做法

（一）构建综合网格化管理体系，打通林业执法的"最后一公里"

为推动林业行政执法落地见效，加大对辖区破坏森林资源的惩治力度，特别是加大对森林督查违法图斑打击力度，清远市采取有力措施，抓队伍建设，强执法查处，做到不等不靠、主动担当，不推诿、不拖延，确保"事有人做""案有人办"，打通林业执法的"最后一公里"。

聚焦目标任务，压实工作责任。面对综合行政执法改革新形势，市委、市政府高度重视，以全面推行林长制为抓手，以森林督查案件为重点，召开专题工作会议，部署压实各级林长责任，同时开展林长制考核工作，将考核成绩纳入年度党政考核，"倒逼"各级林长高度重视林业行政案件的查处工作，有效推动森林资源保护工作。

创新"一长三员"深推林业行政执法改革助力林长制。全市创建以行政村林长、基层执法员（乡镇综合执法员＋警员）、基层监管员和护林员为主的"一长三员"森林资源源头管护机制。延伸触角，融入林长治理，根据乡镇森林资源分布，将执法员分区域分片包干开展林业行政执法，将林业行政执法监管职能延伸到林长基层治理最小单元，牢牢守住森林资源安全底线。

强化执法队伍，加强执法力量。为确保乡镇综合行政执法权放得下、接得住、管得好，各县（市、区）主动作为，带动各乡镇综合执法队伍全面履行执法职责，不断加强执法队伍能力建设。2022年以来，各县（市、区）组织开展乡镇林业综合行政执法培训班，就行政执法程序规定、案件查处、案卷制作以及其他相关的法律法规等方面对各乡镇进行培训，切实提高了乡镇执法人员的执法能力和执法水平。例如，佛冈县先后安排29人次到各乡镇结合案件带做、上门辅导等方式配合指导各乡镇开展行政执法工作。同时，以佛冈县林长办名义向案件任务重的乡镇抽调综合执法人员集中办理案件，跟班学习提高实战能力，针对疑难案件，专人传帮带，确保森林督查违法图斑案件能得到及时查处。

强化监管网络，保护森林资源。为确保森林资源保护责任落地落实，做到森林资源监管不留盲区、不留隐患，清远市积极推动以佛冈水头镇为示范点，探索推行林长制、河长制、综治网格"三网"，护林员、巡河员、综治网格员"三员"，护林资金、巡河资金、乡村振兴资金"三资"的"三网三员三资整合"工作新模式，不断强化森林资源监管网络，全面开展巡林护林工作，有效解决了守护绿水青山"最后一公里"的问题。

（二）加强两法衔接，形成森林资源监管合力

清远市佛冈县、英德市、连州市、清新区等县（市、区）通过强化沟通，加强两法衔接，推动与检察公益诉讼无缝衔接，建立"林长＋检察长"协作工作机制，形成强大保护合力，共同推进生态文明建设。

1. 佛冈县

一是健全"两法衔接"工作机制。一方面，佛冈县林业局定期与县检察院召开"两法衔接"会议，共同交流林业涉刑案件移交程序、行政执法责任主体、涉林违法行为等行政执法过程中存在的困难和困惑，分析林业领域行政执法案件情况；另一方面，充分发挥"两法衔接"信息共享平台的作用，做好案件网上录入、网上移送、网上办理、网上监督等工作对接，提高侦查监督工作信息化水平，加强行政执法与刑事司法之间的有效衔接。对于涉刑案件主动与县公安局进行线下联系，及早将有关材料进行送达，对于难以移送的案件将主动联系县检察院进行有效监督，争取公安机关尽早介入并开展侦查工作。

二是深入推进行政机关专业人员兼任检察官助理制度。为加强沟通协调和相互配合，实现共赢，佛冈县检察院特邀佛冈县林业局的行政机关专业人员兼任检察官助理，以特邀检察官助理为联系纽带，积极参与案件助理和检察听证工作，共同解决在森林资源公益保护工作中遇到的新情况新问题，并将林业专业技术知识和行政执法经验全面融入检察办案中。

三是建立检察联络站。在佛冈县羊角山森林公园设立生态检察联络站，做好犯罪线索的收集处置，协助开展公益诉讼案件调查，加强生态环境保护法律宣传，为生态环境治理提供强有力的司法支持和帮助。

四是成立全市首个生态检察室。2021年3月，佛冈县成立全市首个生态检察室，推动刑事与公益诉讼环节同步进行，促使被告人主动提出赔偿生态损失费用，实现惩罚犯罪、生态修复、社会治理有机统一。

佛冈县成立全市首个生态检察室

 示范案例

近年佛冈石角镇观音山茶园生态旅游项目非法倾倒固体废物、非法占用农用地一案中，造成32.3亩林地被毁坏，佛冈县人民检察院依法对16名被告人的违法犯罪行为提起公诉的同时，提起刑事附带民事公益诉讼，请求法院判令各被告人承担刑事责任和对造成的环境污染损害各项费用共2000余万元连带赔偿责任，有效惩治破坏生态环境资源犯罪。目前，该处林地堆放的固体废物已全部清理并已复绿，有效恢复林业生产条件。

2. 英德市

设立"英德市人民检察院驻市林长办生态检察联络站"。英德市林长办与市检察院于2022年4月6日设立"英德市人民检察院驻市林长办生态检察联络站"。以生态检察联络站成立为契机，充分发挥各自职能作用，在信息共

 示范案例

2022年3月12日，黄花镇新民村委会因群众拜祭引发一起森林火灾案件，造成过火面积232.7亩。为了尽快恢复该地生态，避免春夏雨季引起的水土流失、泥石流等地质灾害，英德市于3月25日向黄花镇人民政府发出《关于及时做好"3·12"森林火灾火烧迹地更新复绿工作的函》，督促黄花镇政府按照《广东省森林防火条例》有关规定，因地制宜采取多种措施及时对火烧迹地进行更新复绿。英德市人民检察院于3月29日依法对被告人的犯罪行为提起公诉，6月2日提起刑事附带民事公益诉讼，要求被告人承担对火烧迹地的复绿责任，有效打击了破坏森林资源的行为。目前，该火烧迹地已及时恢复植被，补种树种为杉木，补种面积近百亩，有效保护了生态环境。

享、线索移送、协助支持、监督履职等方面相互配合,进一步提升检察机关在保护森林资源方面实施法律监督、依法批捕、提起诉讼的工作效率。

3. 连州市

设立全市首个"林业执法股"。连州市林业局增加内设机构,核 3 名行政执法专项编制,设正股级职数 1 名,有效推动当地林业行政执法工作。

示范案例

近年清远市某林业发展有限公司在未经县级以上人民政府林业主管部门审核批准并核发林木采伐许可证的情况下,擅自雇请民工采伐其位于广东省连州市某镇某山林林木。连州市林业局执法股工作人员经现场检查、勘验、询问相关人员及嫌疑人、委托连州市森林资源调查队进行鉴定等,发现该伐区总蓄积量 18.08 立方米,总商品材积 13.57 立方米,总株数 221 株,总经济价值为 5825 元人民币,根据《中华人民共和国森林法》第五十六条,该公司存在滥伐林木的行为。连州市林业局执法股于 2020 年 12 月 14 日立案,并根据《中华人民共和国森林法》第七十六条,于 2021 年 1 月 14 日对该企业进行处罚,行政处罚如下:①责令限期补种滥伐杉树 221 株的 3 倍树木共 663 株;②并处滥伐林木价值 5825 元 5 倍罚款人民币贰万玖仟壹佰贰拾伍元整(¥29125.00 元)。目前该处采伐区域已全部补种。

4. 清新区

一是加强执法制度建设。根据执法实际工作需要,清新区编制了《清远市清新区林业局行政执法工作手册》,收录了包括涉林法律法规规章、行政执法程序制度等 11 项制度和规定、行政处罚部分权责清单、行政执法流程图、法律文书样本等内容,为全区依法行政提供有力支撑。

二是加强交流扩大宣传教育。与检察院互邀人员参加林业系统业务培训,提升办案能力,建立健全涉林检察案件专家咨询指导、专家辅助人员参与办案制度,提升案件办理综合质效。利用检察开放日、植树节、爱鸟周等重要节点,共同开展林业生态保护普法宣传,进一步强化涉林执法与检察公益诉讼衔接配合,依法能动履职,切实将"林长 + 检察长"工作机制制度成果转化为治理效能,推动形成检察监督与行政履职同向发力的林业生态保护新格局。

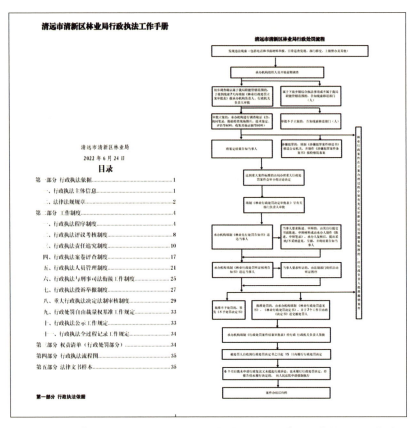

清新区编制《清远市清新区林业局行政执法工作手册》，规范林业行政执法

 示范案例

为有效促进两法衔接，清新区林长办联合区检察院共同印发《清远市清新区关于建立"林长+检察长"工作机制的实施意见》。2022年8月，清新区林长办会同清新区检察院、区市场监管局、区林业行政执法、镇行政综合执法队对清新区木材加工企业是否存在非法收购加工疫木、安全生产等情况进行联合检查，现场审核企业木材来源及安全生产。检查发现个别企业存在非法收购、加工疫木，原材料堆放存在安全隐患等问题，执法人员现场查封疫木，并要求企业对原材料重新摆放，确保生产安全。

二、经验启示

（一）创新机制，压实工作责任

创新森林资源源头管护机制，建立以"一长三员"为主要抓手的网格化管理体系，延伸触角，融入林长治理，将执法员分区域分片包干开展林业行政执法，成功将保护责任网格化落到实处，压实工作责任，打通林业执法的"最后一公里"，提升清远林业治理体系和治理能力现代化水平。

（二）推进制度，强化诉讼衔接

深入推进行政机关专业人员兼任检察官助理制度，开展林业生态保护普法宣传，强化涉林执法与刑事、民事、行政和公益诉讼的配合衔接，切实将"林长+检察长"工作机制制度成果转化为治理效能，推动形成检察监督与行政履职同向发力的林业生态保护新格局。

（三）落实责任，严格执法监督

与检察机关建立案件信息通报、联席会议等制度，建立案件线索双向移送机制，实现行政机关和检察机关的有效衔接，有效运用特邀检察官助理制度，检察机关在办理涉林刑事案件中将林木、林地修复责任明确到量刑建议上，全力守护好绿水青山。

创新"两长三员"基层管护机制，实现林业在保护中发展

肇庆市林长办

肇庆是广东省林业大市，森林资源十分丰富。全市林业用地面积106.39万公顷，森林面积105.42万公顷，森林覆盖率70.77%，森林蓄积量6114.33万立方米，省级及以上生态公益林面积35.03万公顷，是粤港澳大湾区中林业用地面积最大、森林覆盖率最高的城市，也是大湾区西部重要生态屏障。随着经济社会的发展，破坏森林资源的违法行为时有发生，加之森林公安转隶，基层林农对林业产业高质量发展越来越重视，森林资源保护发展面临巨大挑战。为保护和发展好森林资源，将森林资源保护发展重心向源头转移，实现点面结合、以点带面的保护发展新格局，肇庆市在全面推行林长制过程中，结合全市森林资源保护发展实际，在林长制原有"一长两员"的基层管护机制上，创新建立"两长三员"机制，两长即"林区警长、村级林长"，三员即"基层监管员、林业科技特派员、护林员"，破解森林资源保护发展源头最迫切难题，实现在保护中发展森林资源的目标。

肇庆市森林资源丰富

一、主要做法

（一）以全局谋划为总揽，高效推动林长制组织实施

肇庆市委、市政府高度重视林长制推行工作，在全面推行林长制工作伊始，市主要领导从全市林业资源保护发展实际出发，站在生态文明建设和实现"两山"转换的高度，亲自谋划并提出"两长三员"创新机制，明确要求在压实各级林长保护发展森林资源主体责任的同时，将森林资源源头管护、基

市林长办到南丰镇督导林长制工作

层林业行政执法、林业经营管理等林业环节的权责向源头转移，通过林长履责、监督员监督、护林员管护上报、林区警长协调开展林业行政执法、林业科技特派员技术支撑等全过程运行机制，形成森林资源源头保护发展的闭环链，真正实现筑牢林长制基层基础的目标。

（二）以健全机制为举措，织牢织密林长制基层网格

肇庆市林长办为严格落实"两长三员"创新机制，印发《肇庆市林业局关于加快推进全面推行林长制工作的通知》，要求各地结合本地实际，将林区警长和林业科技特派员等融入林长制组织体系，形成"两长三员"森林资源源头管护架构，成立市林业科技特派员工作站，制定出台《肇庆市林业局林业科技特派员暂行管理办法》，联合肇庆市检察院、肇庆市自然资源局印发《关于进一步加强行政检察与自然资源行政执法衔接工作的通知》，开展

肇庆市林长制动员会

2021年林长制评估省级反馈会

了两期面向基层"两长三员"的林长制业务培训，为进一步落实落细"两长三员"网格化管理和运行提供保障。

二、工作成效

（一）聚焦巡林护林，森林资源管护能力切实加强

通过"两长三员"源头管护机制的建立，切实把森林资源管护责任压实给林长，林长督促护林员严格开展责任网格日常巡林，监督员负责监督落实，形成护林员巡护发现问题上报、处理和反馈的权责闭环和责任传导机制。全市初步建立林业行政许可类项目网格化责任体制，将审批林木、林地等情况压实到"两长三员"网格，做到全要素全流程跟踪监督。同时，以开展打击毁林违建、森林督查、国土卫片执法等专项行动为抓手，全面清理整治违法用林情况，严格执行采伐限额管理和征占用林地定额管理制度，全市森林资源管护水平全面加强。全市设立村级林长 4065 名、林区警长 286 名，基层监管员 1411 名，林业科技特派员 354 名，专职护林员 3022 名。全市 2022 年较 2021 年森林督查违法图斑数量比率下降 4.89%，违法图斑面积下降 40.31%。全市未发生经审批的重点项目涉嫌违法使用林地情况和超定额审核审批林地林木情况。

（二）聚焦防治并举，有害生物防治水平全面提升

通过"林长＋科技特派员"机制，积极打造以各级防治检疫机构为基础，以全市 354 名林业科技特派员为主体的专业防治体系，坚持因地制宜，对症下药，科学指导各县（市、区）重点区域松材线虫病、薇甘菊、红火蚁等林业有害生物的防控和除治工作，全市林业有害生物蔓延态势得到有效遏制。同时注重加强与省内林业科研机构合作，开展林业有害生物防治科技攻关，创新研究推广"普查监测＋疫木除治、第三方监理、媒介昆虫防治"的综合防控模式。2022 年全市林业有害生物成灾率控制在 5.94‰ 以下，实现四会市城中街道、四会市威整镇、鼎湖区凤凰镇、德庆县莫村镇以及怀集县蓝钟镇等 5 个镇级疫点无疫情，超额完成省下达全市的年度松材线虫病镇级疫点无疫情任务。

（三）聚焦防护结合，森林火灾防控能力显著增强

"两长三员"机制的建立，全面实现了基层防火源头管护"网格化"，全面建立了市、县、镇、村四级网格化管理体系，使层级责任目标更加明确。全市不断推进护林员队伍整合优化工作，通过以乡镇为单位，整合各系统有巡护职责的人员和资金配置，提高待遇水平，优化人员结构，打造一支高素质综合巡护队伍，充分发挥护林巡护作用。将建立起的巡护队伍落实到每一个山头地块和巡护网格，充分利用无人机等高科技巡护装备，实现实时监测及数据上传共享，切实提升全市森林火灾防控水平。目前，封开县长岗镇和江口街道正作为试点推进落实巡护力量整合工作。2022年全市森林防火形势总体稳定，完成新建生物防火林带193.68公里，维护生物防火林带2439.13公里的目标任务，全市森林防火基础设施建设不断加强，森林火灾综合防控能力将进一步提高。

（四）聚焦兴林富民，林业产业规模持续扩大

通过建立市林业科技特派员工作站，将全市354名林业科技特派员纳入"两长三员"网格体系。全市林业科技特派员结合服务区域及自身特长，积极主动履职，在科技助力林业产业转型升级和林农增收致富的工作中提供更有力的技术支撑。全市立足森林资源优势，大力发展油茶、竹木、南药、食用

林业科技特派员工作站成立

林产品、花卉等林下经济产业，森林旅游、森林康养、林产品深加工等新型经营主体蓬勃发展，国家储备林试点建设稳步加快推进，林业龙头企业不断壮大，林业产业结构不断优化提升，实现林业产值年增长率超过10%的目标。全市创建国家级林下经济示范基地2家，省级林下经济示范基地6个，国家林业重点龙头企业2个、省级林业龙头企业3个、省级森林康养基地3家、省级林业专业合作社2家、省级示范家庭林场1家、省级样板镇村林场3个。同时，全市林业品牌知名度不断提高，在广州国际森林食品交易博览会、义乌森林产品博览会、海南世界休闲旅游博览会等展会上，新岗茶叶、康帝油茶、祥景春砂仁、封开仿野生灵芝、广宁竹笋等林产品以及广宁竹

海、鼎湖山神谷小镇等森林旅游康养产品备受瞩目，康帝油茶等 3 个产品被评为第 14 届中国义乌国际森林产品博览会优质产品。

三、经验启示

一是创新建立"两长三员"源头管护机制，明确各级林长及监督员、林区警长、林业科技特派员、护林员工作职责，研究制定"两长三员"人员履职形式和制度，强化其履责和执行意识。

二是不断完善和加强与公安部门的协调联动，优化管护网格内林业警长人员配置，将林业科技特派员机制推深做实，紧密结合全市林业产业发展实际，实施科技下乡和林业新科技成果推广应用专题工程，全面助力乡村振兴和林农增收致富。

三是着力在"林"字上发力、在"长"字上履职尽责、在"制"字上探索创新，推深做实做细林长制改革，以林业改革促进全市林业高质量发展，为全市生态文明建设起到示范引领作用。

创新林业行政执法体制，
开创森林资源保护新局面

肇庆市林长办

肇庆市作为粤港澳大湾区西部生态屏障，在维护地区生态安全格局中起着重要作用。全市林业用地面积106.39万公顷，森林面积105.42万公顷，森林覆盖率70.77%，森林蓄积量6114.33万立方米，省级及以上生态公益林面积35.03万公顷，全市森林资源保护发展任务艰巨。

随着森林公安转隶，肇庆市在查处森林督查违法问题上面临巨大挑战；随着自然保护地的监管和保护工作越来越受到重视，持续打击破坏自然保护地违法行为工作形成新常态。全市在推深做实林长制工作中，通过组织开展林长制深调研，摸清各县（市、区）底数，科学谋划，先行先试，勇于创新，积极推动封开县率先设立林业行政执法机构和自然保护地管理机构，为全市全面推广提供了成功经验和典型做法。

肇庆市森林风光

一、主要做法

推动林业行政执法体系建设和自然保护地管理机构设立，在县（市、区）林业主管部门内设立执法机构，领导辖区内的林业行政执法工作，同时将林业行政执法委托自然保护地管理机构执行，并优化自然保护地管理机构和人员。全市率先将基础条件较好的封开县作为林业行政执法及自然保护地管理机构建设的试点全面推进落实，率先正式建立执法股和自然保护地管理中心，形成在县（市、区）林业主管部门执法机构领导下，委托县级自然保护地管理中心进行执法的执法体系。

（一）林长破题，机制求解

面对全市各地在森林公安转隶后林业行政执法力量明显不足和难以适应当前繁重的林业执法工作的情况，市委、市政府高度重视全市林业行政执法体系建设和自然保护地管理机构设立工作，明确将这两项工作列入林长着力解决森林资源保护发展重点问题事项，切实将这两项工作作为当前一项重要政治任务和实现林业高质量发展的重要举措来抓好落实。全市各县（市、区）各级林长主动担当、压实责任，敢于创新、科学谋划部署本地林业行政执法体系建设和自然保护地管理机构设立工作，充分发挥林长制的体制优势，破解林业重点、难点问题。

（二）创新机制，开创局面

封开县先行先试，率先整合县林业局行政执法力量和执法职能，增设执法股和组建自然保护地管理中心机构，形成在县（市、区）林业主管部门执法机构领导下，委托县级自然保护地管理中心进行执法的新局面。封开县率先在全市范围内成立了县林业局执法股，作为县林业局正股级部

市林长办到南丰镇渡头村督导林长制工作

门，设股长 1 名，所需人员编制由县林业局内部调剂解决。其主要工作职责：贯彻执行林业行政执法的法律法规和国家、省、市、县有关行政执法规定；负责组织、指导、协调全县林业行政执法监管工作，协调林业行政执法

中的重大问题；负责查处全县重大复杂或者跨乡镇的涉林违法案件以及尚未能纳入镇街综合行政执法的林业行政违法案件；指导、监督镇街综合行政执法队伍办理林业领域相关行政执法工作，规范林业行政执法行为等工作。

（三）整合队伍，形成合力

推动林业行政执法队伍建设是肇庆市探索开展行政区域内林业行政执法的一项创新举措，主要方向是将现有检查种苗、森林病虫害防治等方面的执法人员整合到林业行政执法队伍中，形成合力，有力推动林业行政执法工作开展。

肇庆市选定封开县作为全市林业行政执法队伍建设创新举措的试点县。封开县统一思想认识，主动担当作为坚持问题导向，把林业行政执法队伍建设工作列入县级林长巡林重点解决事项来抓，将林业行政执法队伍建设与林长制工作相结合，以林长制制度效能来解决执法队伍建设的问题。封开县率先在全市范围内成立了县自然保护地管理中心，为封开县林业局所属正股级公益一类事业单位，并将原有木材检查站在编人员全部划入新设立的自然保护地管理中心，核定事业编制44名，设主任1名，副主任3名，人员经费按财政补助一类拨付。其主要任务：负责县管辖自然保护地的日常管理工作，负责组织制定和实施自然保护地辖区范围内的规划与建设，负责自然保护地自然环境、自然资源和生态环境的保护、监测与管理工作，负责自然保护地内野生动植物的保护、调查、建档及林业有害生物防控等工作，负责自然保护地内安全生产、环境保护、森防火灾应急处置、自然宣传教育等工作。协助县林业局查处有关林业行政案件。

二、工作成效

（一）林业执法机构的增设获得实质性成效

封开县关于林业行政执法队伍建设的创新做法，得到省林业局和市领导的充分肯定和支持，全县林业行政执法队伍创新建设工作取得实质性成效，有力推动了林业执法队伍建设步伐，并为其他县（市、区）提供了可推广、可复制的宝贵经验。目前，四会市、广宁县和怀集县已成立执法股，负责辖区内林业行政执法工作。

（二）自然保护地管理机构在示范作用下陆续设立

目前，四会市正式成立"四会市自然保护地管理中心"，为市林业局所属正股级公益一类事业单位，核定事业编制19名（编制来源为四会市各木材检查站及野保站），设主任1名，副主任3名，人员经费按财政补助一类拨付。德庆县成立"德庆县自然保护地管理中心"，为县林业局所属正股级公益一类事业单位，核定事业编制19名（编制来源为县公园管理所和县林业局所属事业单位调剂），设主任1名，副主任3名，人员经费按财政补助一类拨付。广宁县和怀集县也已参照封开县成功经验，设立了相应自然保护地管理中心。鼎湖区和高要区正在积极申请，争取在近期内全面设立。

（三）林长制事务中心推动林长制重点工作任务

受封开经验的启发，德庆县结合本地林长制工作实际，在全市率先成立德庆县林长制事务中心，为德庆县林业局所属正股级公益一类事业单位，核定事业编制3名（所需编制从县林业局所属事业单位调剂）。高要区已成立高要区林业事务中心，为高要区政府直属一类事业单位，负责全区森林病虫害防治、林业科技推广、自然保护地管理等林长制重点工作任务。

三、经验启示

一是整体谋划，高位推动。肇庆市将制约森林资源保护领域执法工作与林长制改革有机结合，对全市林业行政执法工作进行整体谋划，高位推动，分类施策，强化各项保障措施，确保全市林业行政执法队伍改革取得实效。

二是持续深化，完善机制。通过督促指导全市各县（市、区），健全完善林业行政执法体系，切实做好从立案、勘查取证、处理决定、结案及卷宗管理等林业行政处罚案件全过程、全要素保障工作。

三是积极探索，确保成效。全市将以推动林业行政执法建设和自然保护地管理机构建设工作为抓手，积极探索建立创新型体制机制，不断提升全市森林资源保护能力和水平。

建设"智慧林长"信息平台，压实各级林长责任

东莞市林长办

东莞市"数字林业"工作启动早、基础好、推进快，2008年成立了市林业局信息科技科专职开展林业信息化工作，2013年获评"全国林业信息化示范市"，启动了"基于云计算的林业基础数据共享平台"示范项目建设。截至目前，全市累计投入4500多万元先后建设了"东莞市智慧林业云平台""东莞市森林公园智慧管理系统""东莞市智慧林长综合管理平台""东莞市森林防火远程视频监控系统"等林业信息化工作平台，搭建起东莞"数字林业"发展整体架构，初步实现全市林业资源"一张图""一套数"数字化管理。2021年年底正式启动全面推行林长制工作，"东莞市智慧林长综合管理平台"作为推行林长制工作的综合应用平台和重要管理工具，其规划和建设马上列入议事日程，摆上了东莞林长制体系和"数字林业"建设至关重要的位置。

一、主要做法

（一）及早谋划，提前部署

东莞2021年6月印发的《关于统筹推进"数字林业"工作方案》已经把"智慧林长综合管理平台"列为重点建设内容，并提前谋划好建设方向、项目内容和推进时间等基本框架。全市全面推进林长制工作启动后，马上启动"东莞市智慧林长综合管理平台"项目申报工作，推动项目顺利立项，批复总投资348万元。东莞市提前谋划智慧林长系统建设项目，做了大量筹备

工作，于2022年年初启动项目规划，年中正式进入建设阶段，第三季度智慧林长核心管理模块投入使用，第四季度顺利与省平台完成对接。

东莞市智慧林长综合管理平台（电脑端）

（二）上下联动，统筹兼顾

一是高度重视与省林长办沟通联系。在"东莞市智慧林长综合管理平台"建设方案编写、可研报告编制和开发建设的过程中，密切与省林长办及省平台建设公司沟通，及时掌握省平台的开发进度，在系统规划设计阶段就全面融合省平台的建设内容，为系统建成后的顺利对接创造便利的条件。二是密切与市政数局配合。把"东莞市智慧林长综合管理平台"融入全市统一的"数字政府"大框架体系，充分利用全市"数据大脑""一网统管""空天地平台"等的建设成果，为系统建设和应用提供基础支撑。三是全面融入已建的"数字林业"信息系统。把该项目作为已建成并正在使用的"东莞市智慧林业云平台"的分支和补充，除了规划林长管理核心功能及应用外，还结合目前林业的发展趋势和要求，规划了林业生物多样性管理、林业碳汇管理、自然教育管理、自然保护地管理、林业安全管理等业务模块，拓展系统应用范围。

（三）软硬结合，配套使用

"东莞市智慧林长综合管理平台"在系统规划时就把软硬件结合考虑进来，在项目总预算中安排了130万元用于购置配套硬件，包括54套林长平板电脑、600 套巡林电子工牌、30 套车载定位终端及 14 套自然教育一体机等。林长平板电脑为三防专用平板，提供精准的定位及地图服务，供林长上山勘测、实地核图等野外作业使用。电子工牌为林长和护林员巡林提供便捷的轨迹记录工具，避免了部分手机无法安装使用林长应用软件（APP），手机电池续航无法支持长时间使用林长 APP 等的情况。车载定位终端为巡林工作车辆提供实时定位和轨迹记录服务。自然教育一体机分配至各森林公园自然教育基地，配套自然教育模块供自然教育课程使用。

（四）国产技术，安全稳定

按照上级关于政府信息系统创新建设的要求，"东莞市智慧林长综合管理平台"在全省范围内率先全部采用具有自主知识产权、自主可控的国产技术，包括开发平台、数据库、中间件、运行平台等，实现系统开发全流程、系统应用全过程自主可控。系统按照网络安全保护等级第二级的标准进行设计和建设，所有功能及业务模块均部署在市电子政务云平台，并采取严格的安全管理措施，确保物理环境、通信网络、区域边界、计算环境、运维管理等各方面的安全，所有的业务功能模块得到充分的信息安全保障，保证业务数据和用户信息的安全。

（五）突出应用，高效对接

在时间紧、任务重的情况下，集中开发资源，优先建设了"东莞市智慧林长综合管理平台"中智慧林长工作平台及林长地图管理模块，推出了电脑管理端和手机 APP 端应用，并于 2022 年 10 月举办了系统应用培训班，推动系统在全市范围广泛使用。随着系统的不断优化和升级，系统的可用性及

东莞市智慧林长综合管理平台（手机 APP 端）

便捷性越来越高，林长工作效率也不断提升。在推动系统应用的同时，着力加快与省平台的数据对接工作，经过努力，全部 28 个接口顺利接通，顺利完成市级系统向省级系统的数据的上传及更新工作，实现数据同步更新，成为全省第二个完成数据对接的市级系统。

二、工作成效

全市初步建成以国产技术为基础，统一标准、统一坐标，集林长数据、业务应用、矢量地图、专题数据于一体的"东莞市智慧林长综合管理平台"。截至2022年10月底，系统共有注册用户2860人，记录林长信息1184人、林长办成员信息244人、监管员信息450人、护林员信息774人、林长公示牌信息812块。提供智慧巡林、巡林管理和事件上报等移动办公功能的东莞智慧林长APP共记录巡林轨迹1450条，通过系统处理上报事件350多件。市、镇、村三级林长信息覆盖率超95%，系统上线率超90%、应用率超85%。

通过推广应用"东莞市智慧林长综合管理平台"，把林长制工作及森林资源管理责任压实到每人每岗、每山每地，实现事件定人、人员定位、车辆定轨，使上级林长全面掌握下级林长及护林员的巡林护林情况，及时发现及早处理各类问题，形成上下互动、部门联动的林长工作新局面。初步建立起可视化、数字化、信息化的林业治理新模式，实现资源监测实时化、工作决策科学化、目标管理精细化、考核制度规范化、管理方式长效化的林长制信息化建设目标。

三、经验启示

一是加强沟通，领导重视。多次向各级领导反复强调智慧林长管理系统是林长制工作的综合管理平台和业务展示窗口，积极争取到了财政和政数部门的大力支持，市级智慧项目林长管理系统建设才能顺利立项，加快实施。

二是统筹兼顾，融入大局。在实现林长管理核心功能的同时，规划了林业生物多样性管理、林业碳汇管理、自然教育管理、自然保护地管理、林业安全管理等覆盖林业最新发展方向的业务应用功能模块，丰富拓展智慧林业云平台，使之成为覆盖林业全业务流程的综合信息化系统。

三是加快建设，及早对接。系统进入建设阶段后，分阶段分步骤实施，建成后先进行试运行，待系统稳定运行并积累一定的管理及运行数据后，着手启动与省平台的对接工作，确保全面对接省系统，实现省、市平台数据同步。

四是下大力气，应用系统。在系统推广应用的过程中，结合林长制年度考核的指挥棒，让各级林长和护林员全部安装使用智慧林长管理系统，使之成为东莞市开展全面开展林长制工作的主要工具，做到真用、实用、好用。

全方位推动林长制宣传，凝聚全社会参与林长制向心力

汕头市濠江区林长办

濠江区位于汕头东南部，辖区范围总面积169.19平方公里，林业用地面积4162.77公顷，占全区总面积的24.60%；森林总面积4372.31公顷，含非林地森林面积207.04公顷，森林覆盖率25.84%，森林蓄积量141921立方米。省级生态公益林3886.19公顷、市级生态公益林111.48公顷，合计约占全区林业用地面积的96.03%。全区现有广东省古树名木信息管理系统在册建档立卡古树104株。

近年来，濠江区委、区政府深入贯彻落实习近平生态文明思想，全面落实林长制改革，大力推动林长制工作，聚焦总体部署和重点任务，深入研究谋划，全力推进落实，全面建立林长体系。截至目前，制度机制趋于完善，重点任务扎实完成，全面推行林长制工作成效良好。濠江区聚焦林业工作热点、亮点、重点、难点，大力加强全面推行林长制工作宣传力度，通过拓宽宣传渠道、突出宣传特色、压实宣传责任，令区内各部门、企业、群众及相关团体对全面推行林长制工作有了更深刻的认识，也使得林长制各项工作顺利推行得到了有效保障。

一、主要做法

（一）夯实宣传基础，拓宽宣传渠道

一是夯实宣传基础，主动做好林长制宣传工作。在城区、山林主要路口醒目位置规范设立、及时更新林长公示牌，做到林长公示牌社区全覆盖；通过悬挂宣传横幅、设置宣传展板、发放宣传资料、张贴海报、移动宣传车等

传统宣传形式，做到宣传多角度覆盖。二是拓宽宣传渠道，强化宣传实效。加强新闻媒体宣传，积极协调争取网易广东、今日濠江等媒体支持，大力宣传报道颁布林长令、林长巡林等重点工作，宣讲林长制改革成效和典型做法；运用电信运营商数据资源优势，大量发送森林防火、野生动物保护等公益短信，增强群众森林资源保护意识，扩大林长制宣传覆盖面；结合主题活动宣传，依托"3·3"野生动物保护日、"3·12"植树节、"6·25"全国土地日等重要时间节点开展形式多样的宣传活动，将宣传工作延伸到社区、党校、学校、机关、企业等各群体，充分调动群众参与林长制工作的积极性。三是打造宣传亮点，建设宣传阵地。因地制宜在人流量较大的青云岩景区设立濠江区林长亭，建设全面推行林长制工作宣传长廊，设置为林业守护者点赞打卡点，形成集游客宣传、休息、观光一体的林长制工作宣传阵地。

林长宣传栏　　　　　　　　　　林长公示牌

（二）抓牢宣传重点，突出宣传特色

一是紧紧围绕全面推行林长制工作的任务目标和重点工作，图文并茂地向参观的群众宣传国土绿化、森林资源保护、森林防火、野生动植物保护、森林病虫害防治、自然保护地、汕头市创建国家森林城市等成效、知识及典

型经验,让群众对林长制工作内容有更加系统的认知,进一步向社会公众展示全面推行林长制的必要性、重大意义、林长制建设成效及典型经验,不断提升林长制知晓率、参与率和支持率,持续提高全民爱林护林意识。二是充分融入本土特色元素,将具有濠江特色的"地理坐标"表角灯塔、"候鸟迁徙胜地"苏埃湾红树林、"文人古迹"礐石飘然亭等元素设计融入宣传材料中,生动地展示了濠江区生态名片,提高群众的参与意愿;同时,通过林长亭宣传长廊展示了中国造林奇迹、广东省保护地美景、汕头创森之路等生态画卷,展现全国人民的生态成就和生态智慧,更加直观地体现出林长制的制度优越性。

林长制宣传海报

(三)增强宣传保障,压实宣传责任

一是切实强化组织领导,强化部门协作,把林长制宣传列入重要议事日程,制定宣传工作方案,积极争取财政、宣传等部门的支持,为宣传工作保驾护航,切实抓好林长制宣传工作的组织实施。二是压实分工责任,实行"全链条"式宣传模式,政府、企业、群众自上而下多级联动,实现一条龙宣传,让宣传效果做到全线贯通。三是开展试点工作,循序开展宣传探索,

以达濠街道青云岩风景区为试点，设立林长亭宣传长廊，逐步探索形成以林长亭为实地线下宣传和以"智慧林长"平台、新闻媒介、官方门户网站为网络线上宣传的线上线下联动宣传阵地。

二、工作成效

（一）让群众成为林长制的推动者

林长制工作开展以来，各部门积极对林长制工作进行宣传，帮助群众了解相关政策法规，进一步向社会公众展示了全面推行林长制的必要性和重大意义、建设成效及典型经验，不断提升林长制知晓率、参与率和支持率，持续提高全民爱林护林意识，形成全区发动、全民参与、全面开花的浓厚氛围。2022年以来，濠江区共编发林长制工作简报8期，悬挂横幅60条，树立区级林长公示牌70块，制作宣传海报2000份、宣传单6000份，设置林长亭1处、宣传长廊1处，线上宣传文稿6篇，林长制宣传工作取得显著成效。

（二）让群众成为林长制的参与者

通过林长制宣传工作，群众更加自觉融入全面推行林长制和森林资源保护工作中，更加积极主动践行生态文明理念、投身林业产业发展、监督举报林业违法行为，为濠江区森林资源管护工作贡献力量，逐步摆脱政府单兵作战、监督力量薄弱等困境。自全面开展林长制宣传工作以来，群众参与全民义务植树活动、野生动植物保护宣传共800余人次，提供野生动植物处置救助线索39条、涉嫌非法占用林地线索10余条，参加森林防火宣传或转发森林防火信息人数显著增多。

礐石风景名胜区2022年全民义务植树活动

（三）让群众成为林长制的受益者

随着林长制宣传工作的不断深入，群众切实成为开展林长制工作的重要参与者、监督者，用更多的渠道和方式了解森林资源保护知识和法律法规，用自己行动捍卫濠江区绿色福祉。森林资源保护和利用得到保证，人民的生态环境质量得到提高，打造港城融合示范区的绿色生态基础得到夯实。

三、经验启示

（一）加强组织领导，科学谋划宣传

高位推动，形成各级林长牵头、部门齐抓共管、社会广泛参与的新格局，科学谋划制定宣传方案，积极主动争取财政、宣传部门支持，切实增加各部门联动，为濠江开展宣传工作提供了坚实保障。

（二）抓牢基础宣传，探索宣传模式

坚持以基础工作为底数，深入探索新形势林长制宣传模式，形成传统宣传、媒体渲染、活动宣讲和阵地宣扬新型线上线下全方位系统高效宣传模式。

（三）坚持群众融入，主动参与宣传

坚持以人民为中心的发展思想，深挖濠江区生态价值和生态潜力，以群众喜闻乐见、亲身参与、共同宣传的方式展现生态福利，让群众切实看到实惠，切实体会全面推行林长制的必要性和意义，积极主动参与多形式的林长制宣传工作。

（四）落实全域宣传，掘除宣传死角

破除传统形式宣传模式，落实"全链条"式宣传模式，努力助推政府、企业、社会公益团体、群众自上而下多级联动，让各部分深度融入宣传各环节，打通宣传屏障，挖除宣传死角，让宣传效果真正做到全线贯通。

探索"三长联动"机制，合力牢筑生态屏障

清远英德市林长办

英德市位于南岭山脉东南部，广东省中北部。2021年全市森林面积581.58万亩，森林覆盖率达68.81%，森林蓄积量2384.71万立方米。林地面积辽阔，森林资源保护及林业行政执法工作任务繁重、专业性强、执法难度大。由于森林公安机关管理机制调整，全市林业行政执法工作存在职能衔接不畅、执法力量不足等问题。为切实保护全市森林资源安全，英德市充分发挥各级林长制办公室和检察、公安、林业等部门职能作用，积极创新"林长+警长+检察长"联动工作机制，有效推进林业行政执法、刑事司法和检察监督有效衔接，严厉打击各类涉林违法犯罪行为。

一、主要做法

（一）建立工作组织体系，保障机制顺畅运行

按照分级设立、逐级负责的原则，设立"林长+警长+检察长"工作体系。市林长管护区域对应设置市级第一检察长和市级第一警长，分别由市人民检察院检察长和市公安局局长担任。市副林长管护区域对应设置市级检察长和市级警长，分别由市人民检察院和市公安局有关领导同志担任。各镇（街）、林场、石门台保护区管理局管护区域，结合实际，参照设置检察长和警长。市林长制办公室、市人民检察院、市公安局分别确定一名联络员负责日常工作联络，保障"林长+警长+检察长"联动工作机制顺畅运行。

（二）明确部门主要职责，协调推进资源保护工作

各级林长负责相应区域的森林资源保护发展工作，重点做好各类生态功能区、公益林的保护与发展，建立森林资源源头管理组织体系，协调解决重

点难点问题。警长的主要职责为围绕森林等生态资源和野生动植物资源保护管理中的重点和难点，维护林区治安稳定；深入排查化解林区治安矛盾纠纷隐患，维护林区治安秩序稳定；开展涉林违法犯罪形势分析研判，防止涉林犯罪问题与其他社会问题叠加发酵，向公共安全领域扩散；严厉打击破坏森林和野生动植物资源犯罪，严厉打击非法占用林地，盗伐、滥伐林木，非法狩猎，危害珍贵、濒危野生动物等涉林犯罪行为；严厉打击阻碍林业工作人员依法执行公务等违法犯罪，保障相关活动顺利开展；履行森林防灭火职责，做好火场警戒、交通疏导、治安维护、火案侦破等工作，协同有关部门开展防火宣传、火灾隐患排查、重点区域巡护、违规用火处罚等工作。检察长的主要职责是围绕森林等生态资源保护的突出问题和整治难点，协助、配合林长开展专项调研、指导、督办工作；充分发挥刑事检察职能，与行政执法机关、公安机关协作配合严厉打击破坏森林和野生动植物资源违法犯罪行为；充分发挥公益诉讼和行政检察监督职能，积极办理破坏森林生态的公益诉讼案件，加强对行政违法行为和行政非诉执行案件的监督，督促相关行政执法机关积极履行生态保护职责。

（三）建立"三长联动"工作机制，多方位协同作战

建立定期联席会议制度、两法衔接会商制度、案件调查介入制度、生态修复协作制度及联合宣传警示制度等。分别从管控、治理、预防等多方面齐头并进，保障联合协作工作的效率和成效。

英德市林长办联合市检察院、市森林警察大队、市林业局开展自然保护地、涉矿产资源领域治执法工作联席会议

在两法衔接方面，发生涉林案件后，警长立即前往案发地，研判案情，打通行政执法与刑事案件的衔接，对于重大涉林案件，检察院及时启动提前

介入程序,依法提起侵害森林资源民事公益诉讼,支持检察公益建设;在森林督察方面,对于违法图斑的行政执法,以及涉嫌刑事犯罪案件的移送审查起诉,三部门在违法线索、调查取证协作和督促整改落实等构建紧密畅通渠道;在生态修复协作方面,在惩治违法犯罪的同时,积极探索有效的生态修复手

英德市林长办联合市检察院,英德市林业局执法大队、法规股到青塘镇对违法占用林地案件的复绿情况进行检查

段,让受损的环境资源真正得以修复。林长制办公室与检察机关共同探索推动异地补种制度衔接、执行平台以及森林生态环境损害赔偿金管理使用机制,拟在全市每个片区(英东、英中、英西、英西北)创建异地复绿基地,构建"专业化行政执法+恢复性司法实践+社会化综合治理"生态保护新模式。

开展联合部署专项活动,针对林地管理保护中的突出问题,共同研究解决措施,共同推进问题整改,形成林地治理的执法司法合力。通过形成合力,及时惩治涉林违法犯罪,同时发布典型案例,以案释法,共同开展普法宣传,增强公众生态环境保护意识,营造良好的法治舆论环境。积极探索将

英德市林长办联合英德市公安局森林警察大队、英城街道办对全市目前发现的候鸟栖息地进行例行巡查巡护

巡山护林纳入破坏环境资源犯罪人员社区矫正方案，进一步确保被毁林地的生态修复、巡山护林劳役代偿工作落到实处，确保对公众生态环境权益进行实质化保护。

二、工作成效

英德市在推行"三长联动"工作机制中，通过市第一林长、市委书记牵头，各级林长办、检察、公安、林业等部门切实提高政治站位，织牢森林资源的"保护网"，强有力地保障了林业资源和古树名木等的安全、严厉打击了各类涉林违法犯罪、降低了森林火灾率，同时推进了森林督查违法图斑查处整改等工作，三方合力发挥预防、惩治、保护、监督等职能，构建全方位、多层次、立体化的"林、警、检"生态保护机制。

通过畅通的办案沟通渠道，对破坏森林资源等生态环境类案件实行快办快诉，大大缩减了办案周期，及时发现和处理涉林案件，最大限度地保护森林资源，以最快的速度恢复生态环境。对"发现问题—处置—预防"环节进行有效衔接和畅通，大大提高了涉林违法犯罪的处置效率，节省了处置成本，对重难点问题专项整治行动效果明显，进一步提高了精细化管理水平。实现1＋1＋1＞3的目标，有力推动了林业资源管理长效化、常态化。2021年森林督查案件424宗，截至2022年11月，结案率100%，整改率96.79%；2022年度森林督查违法图斑数量同比下降60%；全市2022年1~7月涉林刑事案件数量同比下降55.56%，上半年森林火灾受害率降至0.0437‰，2022年以来暂未发生非法侵占湿地的情况。

三、经验启示

全面推行林长制工作旨在全面提升森林生态系统功能，进一步压实地方政府保护和发展森林草原资源的主体责任。英德市通过"林长＋"模式，整合相关专业部门的力量，建立森林资源保护联动机制，进一步压实部门责任，确保各部门正确履行法定职责，构建区域协作、部门联动、打防结合、快速有力的生态保护新格局。

构建"三网三员三资"新模式，打通林长治林"最后一公里"

清远市佛冈县林长办

清远市佛冈县森林面积9万多公顷，森林覆盖率近70%，是粤北地区重要的生态屏障。一直以来，林区、河道和社会治安在管理上各管一摊，产生不少"顽疾"，主要包括基层治理薄弱，原有护林员、护河员及综治维稳员工作分散、整体素质不高，人员管理困难，工资待遇无保障；违法现象屡禁不止，政府治理工作十分被动，效率低；责任边界不清，"交叉地带"巡查管护不到位，形成巡查死角。为解决上述问题，佛冈县以全面推进林长制为契机，积极探索构建"一长三员"网格化管护体系，创新"三网三员三资"的"三个三"整合护林新机制，打通林长治林"最后一公里"，并取得明显成效，在2021年林长制评估工作中被省评为示范典型。

一、主要做法

佛冈县以水头镇为试点，探索基层社会治理新路径，用"有机共融"的思维把林长制与河长制、综治（执法）网格"三网整合"，专职护林员与护河员、综治维稳员"三员整合"，护林资金与巡河资金、乡村振兴资金"三资整合"，集中整治河道、林区、社会治理突出问题，形成了"水头经验"。在此基础上，为使"三网三员三资"整合统筹机制发挥出最大的效益，佛冈县通过"并职责、专职巡、提待遇、用科技、强机制"的具体做法，不断提升网格管理服务水平，实现森林资源的有效管护和社会综合治理水平的整体提升。

（一）并职责，形成一张管控网

一是开展林长制与河长制、综治（执法）网格"三网整合"，构建管林护林"一张安全网"。在建立完善镇、村林长制网格基础上，按照"一网多用、一网共管"思路，整合河长制和综治网格资源，探索林长制网格、河长制网格、综治（执法）网格"三网融合"机制，构建覆盖全镇的管控网格，形成同级领导、分级管理、协同落实的工作格局，进一步织密织牢管林护林"一张网"。二是依托"三网整合"，建立了林长会议制度、林长巡查制度、林长考核制度等7个制度，形成了健全的林长制考核评价体系，"巡盯查问"落实护林责任，坚持不懈抓森林防火，不折不扣执行林业保护政策，严厉打击非法侵占林地、破坏森林资源行为，确保林业资源安全。

（二）专职巡，统筹整合网格事项清单

按照"一员多用"思路，将推行林长制中的护林员变成专职网格员，并赋予其更多的职责，明确专职网格员统一巡查和协助解决网格内宣传、环保、护林防火、野生动物保护、有害生物防治、巡河护河、"两违"（违法占地、违法建设）、地质灾害防治、基层社会治理、社会治安、公共服务、安全生产等11类37个事项，及时做好排查上报、跟踪服务、核查反馈工作。

护林员深入群众开展森林防火宣传

护林员日常开展森林防火巡回宣传播报

（三）提待遇，确保专职网格员"专职化"

水头镇在整合职能的同时，统筹护林防火经费、河道管护经费及乡村振兴工作经费，将12名专职护林员（网格员）工资由原来的1000元/（人·月）提高到3000元/（人·月）以上，并购买社保、医保，实现待遇与政府临聘人员持平，切实保障专职网格员薪酬待遇。此外，奖罚分明，与

绩效挂钩，充分调动网格员积极性。

（四）用科技，推动数字化管理

充分运用信息技术，利用无人机巡查，并发挥粤平安、微信、粤政易、手机电话等移动终端优势，加强与相关部门移动终端的整合对接，建立问题线索发现、甄别、上报、交办、处置、办结、反馈等 7 个方面的闭环运行机制，推进"中心 + 网格化 + 信息化"体系与网格化管理服务深度融合，最大限度把问题及时解决在网格内，形成"人在网中走、事在格中办"的工作格局，大幅降低行政执法成本，确保事件处理高效便捷、巡查治理出成效。

（五）强机制，创新网格管理

护林员开展护林工作

一是专职网格队伍由镇综治办统筹管理，其他职能部门分类进行指导，按照"周巡查、月通报、季考核、年终评"相结合的方法，由镇综治办牵头负责专职网格员的日常管理和绩效考核。注重常态机制建设，合理匹配网格员权责，科学制定奖惩办法，对工作表现突出的网格员和信息员给予表彰奖励，对因工作落实不到位，造成不良影响的进行处罚。二是规范镇、村及网格事件联动处置机制，确保"小事不出村、大事不出镇"。建立网格员联席会议和培训制度，采取"以会代训"方式开展网格员业务培训，及时通报工作成效，布置网格任务，有效提升履职能力和服务水平。三是每月组织召开一次网格巡查研判会议，要求各部门自行研判每个村的网格巡查结果，以结果导向定每月工作目标任务，每月合理安排网格内重点巡查事项。

二、工作成效

"三网三员三资"整合机制为佛冈县全面推行林长制提供了更强动力，佛冈县将以点带面促线，大力推广"水头经验"，全面提升管林护林成效。

（一）推动网格监管体系更加健全

"三个三"创新机制扎实推进佛冈县森林资源监管体系全域覆盖、责任下沉、触角延伸，建立健全了"县、镇、村"三级林长组织体系和"一长三员"网格化管护体系。截止到 2022 年 10 月底，佛冈县共设置了各级林长 275 名、护林员 221 名、监管员 119 名、执法员 103 名，将责任明确到每个山头地块，实现了从"有名"向"有实"、从"管住"向"管好"转变，推动佛冈林长制工作落地见效。

（二）推动森林资源管护更加高效

在实践过程中，涉林事件的闭环式管理，使得护林员对发现的问题基本能及时处理，个别情况复杂、一时不能解决的问题则通过平台上报，切实解决森林管护"最后一公里"的难题，实现"山有人管、树有人护、责有人担"。

（三）推动林长制工作更加实化

"三网三员三资"整合的实践模式推动了林长制各项工作的实化、细化，在巡查内容、巡查频次、巡查范围、定点拍照、巡查记录等落实方面更加制度化、经常化、标准化，带动了林长制能力建设，有效提升了林长制工作水平。网格员专职化后，农村违法违规建设问题得到有效遏制，露天焚烧、废弃固体垃圾倾倒、林地违建等行为明显下降，有效提升了基层治理水平。

佛冈县水头镇 2021 年下半年查获稀土盗采行为 9 起，2022 年上半年查获 2 起，环比下降 77.8%，打击非法盗采稀土行为成效凸显。2021 年上半年查获乱砍滥伐行为 2 起，2022 年上半年 1 起，乱砍滥伐行为发生数量较 2021 年上半年下降 50%。2020 年全年发生违法违规用火行为 6 起，2021 年降为 2 起，违规用火行为发生数较上年降低 66.7%。

三、经验启示

佛冈县在全面推行林长制工作中探索的"三网三员三资整合"护林新模式，成效显著，形成了"水头经验"。一是顶层设计要准。结合实际，以问题为导向，出台指导性、纲领性文件，高位推动，切实发挥顶层设计把方向、管大局的作用。二是制度建设要实。对相关的工作流程、方式方法、工作要求等通过建章立制的形式进行固化，突出创新举措的实用性。三是岗前培训要细。"三员合一"后，专职网格员职责较多，要组织好岗前培训，既讲理论，也讲实操，提升培训的针对性和操作性，确保巡护工作推进有力。

"警长蓝"护航"生态绿"

江门开平市林长办

开平市地处广东省中南部、珠江三角洲西南部，全市森林面积113.59万亩，森林覆盖率45.68%，森林蓄积量418.02万立方米。开平市森林公安在2021年年初完成转隶，公安管理体制调整，森林资源保护和监管面临着新的问题与挑战。为解决行政执法现实问题，开平市研究决定在全市全面推行"林长+警长"工作机制，协助林长依法治林、打击涉林违法犯罪行为、维护林区社会治安稳定，进一步推动行政执法和刑事司法衔接有效实施，切实保障全市森林资源安全。

一、主要做法

（一）抓思想认识

建立"林长+警长"工作机制是深入落实林长制的重要举措，全市各级林长、森林警长进一步提高政治站位，深刻认识"林长+警长"工作机制的重要性、必要性，充分认识推行森林警长制的现实意义和长远意义，切实增强保护发展森林等生态资源的法治意识，推动森林资源保护向更高台阶迈进，推进"林长+警长"机制全面展开、落地见效。

（二）抓组织领导

市第一林长、市委书记对林长制工作高度重视，要求将"两山"理念贯彻于整个林长制工作，更要通过政策制度、运行机制等方面的开拓创新不断丰富和发展"两山"理念的内涵。市公安、林业机关履职尽责，在江门地区率先推行"林长+警长"工作机制。成立森林警长制工作领导小组，由市公安局分管副局长任领导小组组长，林业局分管副局长、森林警察大队主要负责同志任副组长。领导小组下设办公室在森林警察大队，统筹推进森林警长制各项工作。按照属地管辖、策应林长原则，配齐配强辖区森林警长，由镇（街道）派出所主要负责同志担任森林警长，全力护航全市森林资源持续、健康、稳定发展。

森林警长在巡山护林

开平市林长工作牌添加警长信息

（三）抓宣传发动

通过制作宣传标语、信息公开等多种形式，大力宣传"林长＋警长"工作机制，将森林警长联络方式等信息在林长公示牌公开，主动接受监督。利用森林防火宣传月、野生动物保护宣传月等重要节点，适时组织开展普法宣传，通过开展森林生态保护公益宣传、发布涉林典型案例、调查走访等多元化宣教活动，宣讲森林法律法规，增强群众守法意识。从源头提升群众自觉保护森林生态的意识，让绿水青山就是金山银山的发展理念深入人心，营造全社会共同保护森林资源的良好氛围。

（四）抓机制建设

建立健全信息公开制度、全程跟踪制度、工作记录制度、定期报告制度，通过构建工作制度化、任务清单化、执法规范化工作体系，充分整合林业、公安等部门资源，相关成员单位各司其职，进一步健全完善共同打击涉林违法犯罪的工作机制，形成管护合力，助推森林资源管理保护各项工作落地落实。

二、工作成效

（一）维护森林生态安全能力进一步提升

建立"林长＋警长"责任体系，科学配置森林警长20名，细化警长责任区域 20 个，覆盖全市 15 个镇（街道）、1 个省级示范区、2 个国有林场，对域内 110 多万亩林区实现了全方位的管护，助力开平市绿色生态高质量发展。围绕林长制工作任务，构建责任明确、协调有序、保护有力、监管严格的林长制网格管理体系，统筹推进司法护航林长制体系的实施，为建设山水生态家园、实现"林长治"提供更加坚强有力的司法保障。

（二）森林资源违法行为大幅度减少

依托"林长+警长""村级林长+基层监管员+护林员"的"一长两员"制度，各级林长、森林警长、护林员共同承担起巡查山林、宣传林业法律法规、化解基层涉林矛盾纠纷、打早打小林业违法犯罪等职责，构建责任明晰、协同配合、打防并举、治理高效的森林资源长效保护机制。通过开展联合行动，不断加大法律宣传力度，严厉打击破坏森林资源犯罪，形成"宣传+保护+打击"为一体的森林资源保护新模式。2021 年度森林督查疑似违法图斑 895 个，2022 年度下达森林督查疑似违法图斑 429 个；2021 年度森林督查图斑实际违法面积 699 亩，2022 年度森林督查图斑实际违法面积 136 亩；2021 年森林督查违法案件 45 宗，2022 年森林督查违法案件 7 宗，均比上一年大幅减少。森林警长用现代生态文明理念和综合治理手段，协助林长守护我们共同的绿色家园。

（三）打击涉林违法犯罪力度进一步加大

全市公安机关把依法严厉打击各类涉林违法犯罪作为重点任务，对各类破坏生态环境违法犯罪"零容忍"，持续组织开展"昆仑 2022""猎火 2022"等专项行动。截至目前，共办理生态环境领域刑事案件 10 起，抓获涉嫌犯罪嫌疑人 12 人，收缴野生鸟类 270 只以及猎具一批，救助蛇类、鸟类等野生保护动物 10 头（只），以打击违法犯罪实效筑牢生态安全防线。

（四）守护"生态绿"功能进一步拓展

除了打击破坏涉林违法犯罪之外，森林警长在森林防灭火工作也发挥着重要作用。在森林防灭火处置工作中，森林警长积极组织做好火场警戒、交通疏导、治安维护、火案侦破等职责，并协同林业部门开展防火宣传、火灾隐患排查、重点区域巡护、违规用火处罚等工作。接到森林火灾警情后，属地派出所第一时间出警，做好现场保护、初步调查及依法控制嫌疑人等工作，确保火案快侦快破，依法惩处肇事者。在重要节假日，森林警长主动出击，配合林长在重点林区检查点对进出人员开展森林防灭火检查，积极消除森林火灾隐患。2022年10月以来，警长参与巡林45次，开展森林防灭火宣传22次，发放宣传资料1000余份，排查整治森林火灾隐患问题9个，有效维护了森林资源安全。

三、经验启示

（一）推行"林长+警长"制，必须把生态保护作为核心任务

通过"林长+警长"联勤联动、职能互补，对林区进行网格化、全覆盖管理，无死角监管巡护，全方位守护森林资源。只有把绿水青山保护好，才能让金山银山做得更大，推动生态文明建设迈上新台阶。

（二）推行"林长+警长"制，必须把生态惠民作为工作目标

森林警长协助、配合林长履行职责，协助收集、掌握、报告破坏森林和野生动植物资源的违法犯罪信息，保护辖区内的森林和野生动植物资源，维护林区内的社会治安稳定。"林长+警长"进一步延伸了森林警务基层服务触角，集森林生态案件报警求助、护林巡防、普法宣传等功能为一体，让林区群众在家门口就能便捷获得法治服务，让林业改革成果更多更公平惠及广大人民，最终实现百姓富、生态美有机统一。

探索"四个一"管护机制，强化古树名木保护

江门台山市林长办

江门市下属的台山市古树名木数量多，分布广，保护工作任务重、责任大。大部分古树名木生长状况都比较好，枝繁叶茂，生机盎然，但也有部分古树名木因为树龄较大、生理机能下降、病虫危害、自然灾害等因素导致生长力衰弱，抗逆性差，生长衰退。同时，部分古树由于受到修路、建房、旅游开发等人为因素的影响，古树周围大量硬底化，生存环境趋于恶化，古树的健康亮起了"红灯"，古树名木的保护工作刻不容缓。当前，古树名木保护工作已被列为广东省、江门市十大民生实事之一，加强古树名木保护，对于保护自然与社会发展历史，弘扬先进生态文化，推进生态文明和美丽台山建设具有十分重要的意义。

一、主要做法

近年来，台山市科学合理地保护全市古树名木资源，探索织密"一张责任网"、建立"一张健康卡"、组建"一个专家库"以及积蓄"一个资金池"的"四个一"管护机制强化古树名木保护。

（一）织密"一张责任网"

以全面推行林长制为抓手，制定监管机制，层层压实管护责任。按"属地管理、政府主导"原则，压实市、镇（街）、村三级林长的古树名木保护职责，按各级林长区域责任划定古树名木保护范围，督促"林长"定期对古树名木进行巡查、保护和监管，及时反馈古树名木的生长情况，并将古树名木保护纳入林长制考核内容。建立"林长+检察长"联动机制。检察机关

对各级林长履职情况进行依法监督，对相关责任单位管护不力的行为依法提出检察建议。通过让检察官融入古树名木保护工作，充分发挥检察机关的法律监督职能，增强对破坏古树名木行政执法的刚性，强化对古树名木责任单位履职尽责的法律监督，推动相关责任单位落实定期巡查、管护古树名木的责任。

"林长＋检察长"对古树名木进行巡查

（二）建立"一张健康卡"

按照"一树一档实施全面体检，一树一策加强复壮修复"的要求，聘请第三方专业技术人员每年定期对全市280株古树名木开展"巡查体检"，对古树的生长势、采光、排水、土壤、周围植被等状况进行逐一调查，将基础资料、生存环境质量、健康状况、挂牌情况、管护责任落实情况等进行全面系统地记录，为每一棵古树名木建立"健康档案卡"，做到心中有"树"。结合"体检"报告，制定"一树一策"个性化管护方案，针对长势较弱或有病虫害的古树名木及时进行抢救复壮，开展修枝整形、清理寄生物、腐木、修复伤口、气根牵引、树体支撑、埋透气管、换客土与施有机肥等复壮措施。

工作人员对古树名木进行抢救复壮

（三）组建"一个专家库"

为进一步加强全市古树名木保护，充分发挥专家在古树名木管护、树龄鉴定、病虫害防治、复壮等工作的指导，台山市组建了古树名木保护专家库。专家库由大专院校、科研机构、病虫害防治单位和第三方有资质的古树修复公司等 21 名专家组成，其中高校教授 1 名、副教授 1 名、林业正高级工程师 1 名、林业副高级工程师 7 名、林业工程师 10 名和园林工程师 1 名。通过组建"树医生"专家库，定期对树龄高、生命力减弱的濒危古树名木进行"把脉会诊"，制定各种科学应对方案，定期检查回访，发现问题及时救治，确保古树名木"健康"生长。

专家对古树名木进行"把脉会诊"

（四）积蓄"一个资金池"

和人一样，树也会生病，特别是古树的自然修复能力弱，需要及时、科学救治，保护修复资金需求大。因此，台山市制定相关实施方案，把古树名木资源保护管理等工作经费纳入本级财政预算，设立古树名木保护专项基金，吸纳民间和社会公众资金，作为保护古树名木、古树公园维护的有关费用。同时，鼓励单位和个人参与认养古树名木和资助古树名木的养护等活动，为古树名木保护提供有力的资金保障。

二、工作成效

（一）生存环境"好"起来

通过建立监管机制，督促林长加强对古树名木的巡查、保护和监管，实地调查古树名木生存自然环境及保护设施，对古树名木枯枝、断枝未及时修剪、周边地面硬化、堆放物料、存在焚烧祭拜现象和各类生活垃圾等问题及时督促乡镇跟踪整改落实，古树生存环境得到改善、生命力得到进一步提高。

（二）古树筋骨"壮"起来

近年来，台山市致力于做好古树名木保护文章，打出了古树名木"健康体检"全覆盖、"一树一策"全面保护、专家定期检查等组合拳，确保全市280棵古树名木健康生长。同时，积极开展古树名木抢救复壮工作，通过对古树名木的修剪、病虫害防治、树干防腐、空洞修补、架设支撑和土壤改良等保护复壮措施，让衰弱植株重焕生机，再现枝繁叶茂景象。2021年以来，台山市已完成石花山西严寺南洋杉、广海镇隔巷见血封喉等6棵古树名木复壮救治工作。

（三）人居环境"靓"起来

为了保护古树，同时最大程度地展现古树风貌，让绿水青山"看得见、摸得着"，台山市以当地特色古树名木为标的建立古树公园，如广海镇菩提古树公园、都斛镇义城公园等，不仅美化了乡村居住环境，为村民提供休闲娱乐场所，同时古树公园成了旅游热点、网红打卡点，大幅提升了景区的知名度和影响力，提高了生态旅游的综合效益，为当地乡村振兴注入新动能。

（四）文明新风"活"起来

台山市深入贯彻生态文明思想，依托古树为亮点，以古树资源保护为第一目标，大力推进古树公园、绿美古树乡村建设，留住绿色乡愁，进一步增强社会公众保护古树名木的意识和热情，让文明新风"活起来"。

三、经验启示

坚持生态优先、绿色发展，积极探索古树名木保护机制，以全面推行林长制为抓手，强化古树名木资源管护，将林长制与古树名木保护、乡村振兴等结合起来，通过开展古树公园建设，打造独具特色的乡村振兴示范村，助推乡村振兴发展，全面提升林业生态、经济和社会效益。

创新"林长+古树名木"管理，留住"银杏之都"乡愁记忆

韶关南雄市林长办

古树名木是森林资源中的瑰宝，客观记录和生动反映了社会发展和自然变迁，一棵棵古树就是一段段历史记忆，是一座城市历史文化的沉淀符号。古树名木以其独具的科研、科普、历史、人文和旅游价值日益为人们所重视。韶关市下属的南雄市有着丰富的古树名木资源，其中古银杏树龄最长的有1680多年，目前已经形成古银杏群落。2022年2月10日，中国林业产业联合会授予广东省南雄市"中国银杏之都"称号。

南雄风光

目前，南雄市现存建档古树名木共有2066株，其中：一级古树名木87株、二级古树名木357株、三级古树名木1622株，集中分布在坪田、油山、百顺、珠玑等乡镇。这些古树饱经岁月风霜，再加上气候和人为等因素，普遍存在病虫害、病弱、枯黄等病症，急需技术人员的抢救。南雄市以林长制为抓手，创新制定了《南雄市林长+古树名木保护工作实施方案》，增强各级林长对古树名木的保护责任。

一、主要做法

（一）列入林长考核内容，大力提升管理水平

南雄市将古树名木保护管理作为生态文明建设和林长制的重要内容，严格落实《南雄市林长+古树名木保护工作实施方案》，由林长制办公室牵头，对辖区内的古树名木进行普查，并建立"一树一档"电子信息数据库。在城市规划中最大限度地避让古树名木，非政策规定特殊情况不得迁移古树名木，依法从严审批、从严监管，对未经审批的迁移、砍伐行为从严处罚，全面加强古树名木保护管理，为公众留住绿色乡愁，传承乡村历史文脉。

（二）压实林长责任，明确管护对象

为将南雄市古树名木保护管理工作落到实处，南雄市与各镇（街道）签订了南雄市古树名木管护责任书，各镇（街道）也相应地与各村签订了古树名木管护责任书。目前，全市87株一级古树名木，落实市委书记第一责任和市长责任，各市级林长按责任区域对应建立一树一责任人；357株二级古树名木，由辖区镇（街）党（工）委书记、镇长（主任）分别任第一责任人和责任人，各镇级林长按责任区域对应建立责任人；1622株三级古树名木则由村级林长任责任人，各村级副林长对应管护区域分别建立责任人，落实一树一人管护责任，确保全市2066株在册古树名木有人跟踪有人管护。

（三）挂牌建档，为古树名木换上新"身份证"

盛夏时节，为加强古树名木的保护和管理，南雄市林业局工作人员头顶烈日，进山入村，为全市的古树名木挂上新的"身份证"。这新的"身份证"（铭牌）采用不锈钢制作，由不锈钢弹簧套在树干上，弹簧具有伸缩性，可

以随着树木的生长而自动调节，最大限度地保护树干不受损伤。与旧的铭牌相比，新"身份证"也更"潮"了，上面除了有古树名木的标识，以及学名、树龄、编号、简介等基本信息，右上角还增加了一枚二维码，只要用手机扫一扫，就可以获取更多它们的生长状况、历史详情等信息。

古树挂牌

古树设置围栏

（四）制定"一树一策"方案，开展抢救复壮保护管理

针对南雄市古银杏树和帽子峰森林公园、坪田古银杏森林公园、油山镇黄地村等重要区域银杏树开展了"一树一策"保护修复，并组织专家论证，确保方案科学合理，还制定了《南雄市古银杏树和重要区域银杏树保护项目规划设计》及《南雄市2株古树保护复壮技术方案》，推动古树名木保护工作的落实。如在古树名木树干边缘外范围，设置保护标志、护栏等保护设施，干旱季节及时浇水，定期检查病虫害情况，以低毒无公害的生物农药防治技术进行适时防治，冬季对每株古树进行涂白，古树树体出现伤疤或空洞及时填充修补，防止进水。

（五）开展古树乡村建设，创新古树保护形式

为了保护古树，同时最大程度地展现古树风貌，让绿水青山"看得见、摸得着"，南雄市依托当地的古树群资源，结合农村人居环境整治工作，打造绿美古树乡村。通过实施"一树、两园、三廊、四旁"建设任务，达到实现"五美"建设目标；开展古树资源保护，建设古树公园和绿美古树乡村景观廊，实施路旁、水旁、宅旁和村旁绿化，提升乡村景观品质，为市民创造高品质的自然环境和生态绿色空间，推动乡村振兴战略的实施。

二、工作成效

南雄市"林长+古树名木"保护工作实施以来,对全市的古树名木进行了摸底普查,截至2022年10月底,南雄市现存古树名木数量为2066株,已全部完成登记挂牌工作,并将全市的古树名木都落实了责任人,提升了各级政府对古树名木的保护和管理,使得古树名木管护措施到位,保护率达到100%。

(一)古树名木焕发新颜,美化村庄公共环境

经过日常管理及复壮工作的同步进行,南雄市的古树名木都焕发出了新的活力,不少濒危的古树名木还发出了新芽,重现勃勃生机。以古树乡村的形式对生长相对集中的古树进行保护和宣传,既有效保护了古树,又能把最美的风景呈现给人们。同时在建设古树公园和古树乡村时对配套设施进行完善,满足了群众休憩需要,使得群众主动参与到古树名木的保护中来,让我们的古树名木保护不再只是"单打独斗"。

千年罗汉松

(二)留住"乡愁记忆",助力乡村发展

南雄市深挖古树名木的内涵和社会价值,与美丽乡村建设相融合,将

"乡愁记忆"留住的同时，还有效推动了生态价值向经济价值转化，让其成为展现南雄生态资源、了解南雄人文历史、传播南雄文化的好帮手。

三、经验启示

一是发挥各级林长作用，加强对保护管理古树名木工作的统一领导、组织协调和督促检查。各级林长要充分认识到加强生态文明建设和古树名木保护工作的重要意义，切实抓紧管好。

二是要压实林长主体责任，明确古树名木具体责任。摸清核实辖区古树名木资源分布情况，做好记录，留好影像资料，掌握古银杏树资源挂牌保护情况和存在的问题，并对其现状及问题进行总结，以此来加强对古树名木的管护，所负责的古树名木出现问题必定倒查问责。

三是加强古树名木宣教，营造全民爱绿护绿氛围。整理编印古树名木管护知识和宣传资料，通过新闻媒体等多种形式向社会广泛宣传保护古树名木的重大意义和管护常识；积极探索总结推广保护古树名木的好经验、好方法；适时举办管护知识培训班，普及古树名木科学管护知识，扩大宣传面，增加社会公众对古树名木保护知晓度和参与度，为保护古树名木营造广泛良好的群众基础。

推行森林警长制，护航生态安全

韶关市翁源县林长办

韶关市翁源县是广东省全面推行林长制的试点，建立了县、镇、村三级林长体系，划定了各级林长、监管员、护林员的责任区域。随着社会发展转型，各类破坏森林资源案件时有发生；部分地区违法犯罪人员态度嚣张，巡查监管受阻，给林区治安和秩序的稳定带来隐患。为进一步加强森林资源的管理，翁源县通过深入的调查研究，2020年10月，探索生态资源保护新模式，推行"森林警长制"。

一、主要做法

翁源县以"林长+警长"的工作机制，将森林公安的警力屯兵林区一线，同时把森林公安的职责与林长制相对应，实现立体化指挥、扁平化作战、协作化办案，每个民警负责一个区域，实行"一区一警"制度，通过"林长+警长"的机制运行，实现了协同高效、打防结合的公安机关森林警长执法工作体系，护航翁源生态保护和粤北生态发展区林业高质量发展。

（一）明确推行森林警长制的指导思想和工作目标

推行警长制是以习近平生态文明思想为指导，牢固树立绿水青山就是金山银山理念，以严格森林资源保护管理，提升森林质量，强化森林公安在森林资源保护发展的责任意识，完善森林公安现代警务和执法权力的运行机制，为林业生态保护发展提供坚强的执法保障为工作目标。

（二）建立组织体系，确保站位高度统一

将森林警长制作为事关全县社会发展、生态安全、民生福祉的高度来认识，聚焦公安机关主责主业，坚持林长带头统筹协调，全警参与，构建全县森林警长由副县长、公安局局长负总责，分管森林公安领导具体负责，森警直接负责，派出所牵头负责的属地管理，分级负责，便于工作的原则，与林长责任体系相衔接，制定《翁源县森林警长制实施方案》，建立起县、镇、村三级森林警长体系。

副县长、县公安局局长巡林

森林警长与林长制"一长两员"开展巡林

（三）拓展宣传渠道，加大宣传力度

通过报刊、微信、工作简报、宣传标语和森林警长制公示牌等形式，大力宣传森林警长开展打击涉林资源违法犯罪、维护林区治安稳定、配合相关部门开展联合执法、履行森林防火等工作，让广大人民群众充分认识森林警长制在保护森林资源、维护林区安全中发挥的重要作用，进一步凝聚社会共识，引导公众参与，形成强大合力，营造保护森林资源的良好氛围。与此同时，在重点林区设立森林警长公示牌，公开森林警长姓名、职务、职责、责任区、监督举报电话，提升辖区人民群众对森林警长工作责任制的知晓率和认可度。

开展森林防火宣传工作

（四）抓实机制建设，确保工作有序推进

建立一把手负总责，各部门、各乡镇辖区森林警长制单元责任具体化的"森林警长制"目标责任体系，明确责任分工，强化工作推进，形成一级抓一级、层层抓落实的工作格局；按照"属地管理，分级负责"的原则，形成职责明确、监督有力的森林警长组织体系；分级建立森林警长会议、巡查、督查、考核、信息公开、首问责任制，定期报告、案件登记等制度，确保工作开展制

度化运行；建立部门协作机制，联合林业部门和自然资源部门建立涉林案件查办协作机制、森林防火协作机制和打击野生动物资源违法犯罪协作机制，形成在县级林长领导下的上下联动、部门协同、齐抓共管的工作格局；加强业务培训和能力建设，抓实执法办案业务培训，让各级森林警长"会履职、尽好责"。

（五）抓实打击惩治，确保林区治安稳定

按照"责任明晰、协同高效、打防结合"的工作要求，建立以森林警察大队为主，其他警种、派出所密切协同配合，"打防控"一体的林区治安防控体系，组织各级警长开展林区巡查、开展严厉打击辖区内非法占用林地，危害珍贵、濒危野生动物（国家保护野生植物）、盗伐、滥伐林木等违法犯罪，积极指导、协助林业行政主管部门开展林业行政处罚工作。开展信息交流，加强与镇、村林长办的联系，及时通报重要涉林案件查处情况，当好警情传递联络员。

联合打击保护野生动物行动

（六）抓实责任落实，力推工作整体升位

严格落实森林警长工作责任制，将责任区巡查、矛盾纠纷排查调处、案件查处等工作纳入各森林警长制责任单位考核内容，通过考核确保森林警长制工作落地落实；始终坚持问题导向，积极与林长办沟通协调，强化森林火灾高发期会商研制，畅通涉林案件线索移交渠道，积极会同林长办加强考核督导，充分调动各级各部门、广大人民群众保护森林资源的积极性，营造全社会关心、支持和参与森林警长制的良好局面。

森林警长开展森林防火巡查

二、工作成效

（一）森林资源持续向高质量发展

实施"森林警长制"后，全县森林覆盖率、活立木总蓄积量由2019年的 72.5%、1112.15 万立方米，分别增加到 2022 年的 73.59%、1172 万立方米，森林质量显著提升，森林资源持续向高质量发展。

（二）林区秩序与治安趋向稳定

实施森林警长制后，开展了"护林 2021""飓风 2021""昆仑 2021"、2022 年"百日攻坚行动"、2022 年"打击古树名木整治专项行动"、2022 年"森林防灭火专项行动"等系列的涉林违法犯罪行动；累计出动巡查民警 1528 人次，查处各类涉林案件 128 宗，刑事立案 66 宗，林业行政案件 117 起，处理违法人员 135 人（次），为国家挽回直接经济损失 123.26 万元；涉林案件明显下降，2018 年共立各类涉林刑事案件 60 宗，2022 年共立各类涉林刑事案件 28 宗，案件下降 53%，有效维护了林区治安秩序。

（三）警民群防群治格局形成

森林警长除打击涉林违法犯罪外，还承担林区巡林检查的职责。森林警长积极进村入户向广大群众宣传森林资源保护的重要性，提高了群众的依法治林意识。镇、村林长制"一长两员"与森林警长一起开展巡林检查、预防森林防火，共同勘查破坏森林资源案件现场、农村护林情报员发现重大案情线索及时报告森林警长等提升了涉林案件的办案效率，及时掌握林区情况，是森林资源保护的协作典范。

三、经验启示

一是"林长＋警长"的推进落实，是打击涉林犯罪的再加码，是保护森林资源的再提升，是积极构建"山有人管、林有人造、树有人护、责有人担"体系的健全和完善。二是镇村林长制"一长两员"与森林警长共同开展巡林检查、预防森林防火，共同勘查破坏森林资源案件现场，提升了涉林案件的办案效率。及时掌握林区情况，是森林资源保护的协作典范。三是实施"林长＋警长"模式，突出了严打整治、日常巡护、法制宣传、矛盾排查与化解、部门联动等工作重点，聚焦林区违法犯罪及风险隐患，全面加强了森林资源保护综合治理，保护了生物多样性，生态安全得到加强，林区治安持续稳定，生态文明建设进一步提升，人民群众真实享受到林区的平安及和谐建设成果。

第二部分
推动绿美广东生态建设

党的二十大报告指出，要科学开展大规模国土绿化行动。近年来，广东先后出台了科学绿化的实施意见、印发了《绿美广东大行动实施方案》，近日又出台了《中共广东省委关于深入推进绿美广东生态建设的决定》。全省各地以党的二十大精神为统领，按照省委、省政府关于高标准推进绿美广东生态建设的决策部署，统筹推进山水林田湖草沙系统治理、城乡绿化，科学建设高质量水源林、沿海防护林带，打造万亩级红树林示范区；加大低产低效林的改造力度，加强重点生态区域林分质量改造提升，优化林分树种结构，推进大径材基地、国家储备林等工程，提高森林的生态服务功能，精准提升森林质量；全域创建国家森林城市，积极推进珠三角国家森林城市群品质提升，构建以森林城市为引领的城乡绿色生态体系，不断提升美丽宜居的城乡绿色生态环境；加强古树名木保护，防止违法迁移砍伐古树名木，防止"贪大求洋""大树进城"等不科学的绿化行为。

　　全省各地因地制宜，千方百计扩大"绿"的面积，大力提升"绿"的质量，积极拓展"绿"的内涵，在绿美广东生态建设方面探索出现许多典型事例，如：韶关市"创森"亮丽风景线，绿意围韶城；韶关石漠化地区"五个坚持"推进治漠治贫，石漠荒山披新绿；深圳市"海岸带林长"海陆统筹治理，推动国际红树林中心建设；潮州市聚焦生物多样性保护，彰显野性潮州生态魅力；珠海市高新区多管齐下护古树，推深做实共护林；韶关市翁源县"林—河"两长联动，助力湿地公园生态建设；广州市增城区推进防灭火规范化试点建设，探索预防管控新模式；惠州市博罗县"林长＋防火"——探索"空天地"一体化防火新模式；佛山市顺德区推进自然生态文明建设，打造高品质森林城市；汕头市南澳县推动海岛林业增绿添彩，打造南澳"两山"样板等，可为今后深入推动绿美广东生态建设提供成功经验与推广模式。

"创森"亮丽风景线,绿意围韶城

韶关市林长办

"森林生态、森林服务、森林产业、森林生态文化、森林支撑"五大体系建设行动是扎实推进全域创森工作的强硬"底气",更是对接绿色发展、实现后发赶超的强大优势。近年来,韶关市委、市政府以全市推行林长制工作为契机,开展系列城区绿化景观品质提升工程、结合以"垃圾、污水、六乱"三项整治和"九项品质提升工程"为主要内容,以建设"干净、整治、有序、美丽"的城乡人居环境为目标的"439"和以"一个规划、三项整治、九项基础工程"为主要内容的"139"计划全面提升县城、乡镇和村庄品质,通过打造精品公园、提升道路水岸绿化、完善驿道沿线绿化等,奏响了"城在林中、路在绿中、水在城中、人在景中、绿在心中"绿色发展主旋律,澎湃谱写出绿意盎然的善美韶关新乐章。

韶关国家森林公园入选"中国最美森林"

一、提升城区绿化，树好森林城市"引领线"

日前，市民走进张九龄纪念公园，可见四处绿树环绕，风景秀美，让人心旷神怡。站在制高点俯瞰，目光所及之处尽是满目葱茏，放眼观之整洁的公路从山边蜿蜒而下，一幅山水揽翠、景致怡然的绿色画卷正徐徐展现，处处呈现出一幅人与自然和谐共生的美好画卷。近年来，全市结合中心城区扩容提质"336"计划，开展了系列城区绿化景观品质提升工程，重点打造了张九龄纪念公园、拾贝湖公园、韶州公园和林桥公园等民生亮点工程，在添绿的基础上提升绿化质量，切实提高人民群众幸福感。

在美如画卷的景色里，是广大创森人以实干和担当让绿色成为最美生态底色。一方面通过以浈江、武江、曲江三区为核心，打造特点鲜明、功能突出、生态文化内涵深厚的城市森林体系；网红公路穿城过街，生态绿道串联城市"绿脉"；公园建设如雨后春笋，公园绿地构建城市"绿肺"；五小游园星罗棋布，口袋公园点缀城市"绿星"。另一方面通过着力实施"绿意韶城""景观道路"及"绿色游园"等工程，在城市建成区 700 多公顷山体森林基础上，实施桉树和松树纯林改造，并新建生态停车场 29 处；城区绿化覆盖率提升至 44.99%，城区绿化乡土树种种苗使用率达 91.06%，城市森林树种丰富多样。

二、推进镇村绿化，联紧森林城市"接地线"

盛夏时节，群众走进韶关翁源县江尾镇松岗村，一座座崭新的民居整齐有序，有着 800 年树龄的老榕树姿态优美、生长茂盛，村口宽敞平坦的 245 省道四通八达，一幅生态宜居的乡村振兴图景呈现在眼前。如此宜居、宜业、宜游的乡村新景象，在全市各地并不罕见。近年来，全市各地通过结合县城提升"439"计划、乡镇（镇街）提升"139"计划，全市创森"市、县、镇、村"四级联动、纵向贯通，全面提升县城、乡镇和村庄品质。

2022 年全市共 7 个县（市）均获得县级国家森林城市备案。2018 年以来翁源江尾、仁化长江等 5 个小镇荣获"广东省森林小镇"称号，南雄水口、乐昌五山等 11 个乡镇正积极创争，目前全市重点建设了 383 个"村美、业兴、家富、人和"的生态宜居美丽乡村，着力打造了48个"山绿、水清、天蓝、景美"的国家森林乡村，建成了39个绿美古树和绿美红色乡村，现村庄林木绿化率达到51.36%，打造出一村一品、一村一景、一村一韵的魅力生态乡村。

翁源江尾镇松岗村榕树王

三、打造精品公园，绘出森林城市"多彩线"

如今，昔日的韶州公园、林桥公园等已摇身变成了一个个风景别致的城市公园，园区的道路已改造成"飘带绿道"、山体打造成"七彩林海"、节点打造成"网红打卡点"、观景台（廊）打造成"景观林窗"、湿地水塘打造成"生态湿地"，让群众在享受生态红利的同时，全域创建国家森林城市的劲头更足了。

全域创建国家森林城市，最直接的获益者，自然是广大群众。近年来，韶关市通过打造精品公园，结合居民日常游憩需求，重点谋划打造便民惠民、生态优美的森林公园、城市公园、口袋公园等，不断满足市民对绿色空间、休闲空间、健身空间的需求。一是建设"区域生态绿地—生态廊道体系—城市绿地"绿地系统，逐步改善城市森林公园林分结构和景观效果；二是突出以搭建

"百步遇绿"的口袋休闲绿地网络为特点的微型公园绿地建设,市辖三区共完成 75 个小公园、小绿地建设,城市生态格局日趋优化,城区人均公园绿地面积达 15.64 平方米,公园绿地 500 米服务半径覆盖 87.75% 城区范围。

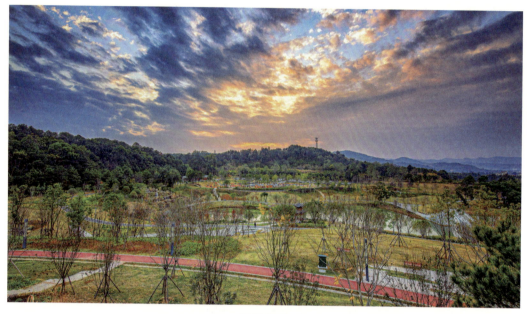

韶州公园

四、提升道路水岸和驿道沿线绿化,串联森林城市"缝合线"

创森让韶城的绿远不止一个景点、两个公园、三处绿化地,而是仙女散花式的"让森林走进城市,让城市拥抱森林"与大自然完美融合的完整城市森林系统。而道路水岸、驿道沿线作为韶关市全域创建国家森林城市工作中的"毛细血管",近年来通过大力推进绿道网提升工程,开展河流两岸生态保护与修复、景观与特色营造、游憩系统构建等"万里碧道"建设;实施古驿道沿线生态修复治理、乡村绿化美化和石漠化公园建设项目,将生态绿化从城区这一"主动脉"延伸至各个乡村"毛细血管"中。

通过编制多条高速公路及国省道路绿化景观提升方案,打造了阅丹公路、莲花大道、铜鼓大道等"网红生态公路",2018 年以来,全市累计新建、提升道路绿化美化 930.453 公里,道路绿化率达 93.43%;采取近自然的水岸绿化模式,高质量建设武江特色山水长廊、新丰江生态休闲长廊、丹霞魅力画廊等8段不同功能主题的生态碧道，累计实施39宗"网红万里碧道"工程，建设了374.95公里水岸林带，全市水岸绿化率达93.31%，基本形成了网红绿道穿城过街、万里碧道绕城环抱的城市绿网格局。

驿道沿线绿化方面，通过实施古驿道沿线生态修复治理、乡村绿化美化和石漠化公园建设项目，绿化提升南粤古驿道沿线150公里。据统计，累计完成驿道沿线景观林提质26公里、石漠化治理14863.33公顷、森林抚育65100公顷、高质量水源林6895公顷，南雄市梅关古驿道重点线路生态修复项目更是入选"广东省第二届国土空间生态修复十大范例"。

乳源南水湖国家湿地公园

"五个坚持"推进治漠治贫，石漠荒山披新绿

韶关市林长办

广东省粤北地区一直以来存在着不同程度的石漠化和干旱问题，韶关作为广东省的林业大市，是全省生态建设的主要阵地，但也是石漠化严重的受灾区，其石漠化区域主要分布在乐昌市和乳源县，合计面积近41.56万亩，占全省52.3%。石漠化区域岩石裸露、黄壤层薄，石砾多且质地疏松，土层薄且保水性能差，土壤易被侵蚀，生态环境极度脆弱；该区域的大部分林地属于纯松或杉林，偶发性自然灾害使原已脆弱的生态环境多次遭到严重的破坏，自然更新能力日益降低，难以正常自然演替，继而造成部分林地出现疏林、残次林、荒山荒地等现象；加之石漠化区域贫穷落后，农民为了生存长期进行过度樵采、乱垦乱伐等人为破坏，导致生态环境进一步恶化。

韶关市石漠化区域治理后现状

一、主要做法

韶关市政府重视生态建设，以全面推行林长制为契机，高位推动，采用"山水林田湖草"的治理模式，通过封山育林、人工造林、大力发展经济林、试验示范性地推广种植药材林，引导当地群众自发性的进行种植结构调整，并主动参与石漠化地区植被管理维护，从而增加森林植被覆盖度，控制水土流失，遏制土地石漠化，在改善石漠化区域生态环境的同时，提高了当地农民收入。

（一）坚持突出重点，统筹兼顾

以解决"用地难"为着力点，紧紧抓住石漠化区域综合治理和林业产业精准扶贫机遇，从实际出发，采取按照石漠化程度不同实施"重度先治、中度兼治、轻度防治"的分区域治理策略，突出重点区域综合治理，强化森林植被保护与修复，兼顾地方特色经济种植产业发展。坚持做到分步实施、保护优先、造改结合，把整治石漠化、改善生态环境、提高农民收入，作为经济发展和提高人民生活水平的重要内容，林农得到实实在在的好处，主动将符合要求的石漠化土地交由林业部门统一治理复绿，为石漠化区域治石兴农致富创造必要的条件，实现"顽石"与"贫农"标本兼治。

（二）坚持因地制宜，科学治理

以解决"地力竭"为切入点，遵循石漠化区域自然规律，坚持自然修复为主、人工治理为辅的生态保护和修复综合治理思路，将天然林纳入保护管理，禁止商品性采伐，充分发挥大自然生态自我修复能力，将"恢复森林植被、调整种植结构、发展特色经济"三者有机结合，一方面因地制宜、合理布局树种结构，宜林则林、宜果则果、宜药则药、宜草则草，实现了异龄复层林分科学搭配、共同生长；另一方面主动对接国家、省林业科研院所、大中专院校，谋求治理"良方"，创新性地开展石漠化区域间种油茶、桃树等经济作物和光皮树、吴茱萸等木本药材，尝试、创造性提出"珍贵树种＋油茶""珍贵树种＋果树""珍贵树种＋药材"等搭配方式，进一步提升林地价值，降低人们因生活对耕地扩张过分依赖，综合治理取得了显著成效。

（三）坚持长短结合，三产融合

以解决"百姓贫"问题为发力点，在大力推进石漠化区域综合治理的同时，科学调整区域农村经济产业结构，促进农村生产方式转变，坚持"短中长"期生产经营相结合。一是积极争取国家和省现代农业发展专项资金，激励引导林农短期内开展油茶、鹰嘴桃、黄金奈李等林果产品种植；二是鼓励指导涉林企业牵头带动，中长期建设优质木材经营、珍贵药材培育等特色经济林产业基地，打造高山油茶、瑶乡林药等多个特色林产品品牌；三是结合乡村绿化美化和乡村振兴，对石漠化区域大力开展身边增绿活动，发动农民利用村前屋后、水旁、宅旁等"四旁"闲置土地大搞村庄绿化美化建设，打好底子促进生态农庄、户外拓展、森林旅游、森林康养等综合项目良性经营和可持续开发，使群众特别是贫困人口共享石漠化治理成果；四是创新思路发挥石漠化区域景观价值，2020年广东乳源西京古道国家石漠公园顺利通过国家级评审，成为广东省建设的第二个国家石漠公园，打造南岭山地岩溶生态系统保护与生态修复的典范与样板。

（四）坚持试点先行，示范引领

以解决"路子窄"问题为延伸点，石漠化区域综合治理遵循"先行先试、以点带面、点面结合、整体推进"的步伐，坚持机制创新，打造示范引领。通过集体林权制度改革，实行林地流转、项目扶持等新机制，引导和培育石漠化区域油茶等产业走市场化经营发展的路子。政府加强招商引资，落实政策扶持，培植大户经营，企业大力投资募股，优化产业管理，形成带动示范，农户主动参股林地、闲余劳力入股，共同种植生产，把政策、资金、技术和劳动力有机结合起来，初步形成了"政府带动、企业驱动、技术推动、股份促动"的四轮联动良好态势，进一步完善上下游产业链、确保产有所销。

（五）坚持长效治理，成效保障

以解决"管护难"问题为助力点，秉承"种管兼并、成效引导"，一手抓治理、一手抓预防，林业主管部门科学指导造林农户、企业及时对石漠化区域造林开展抚育管护，依照"谁管护谁受益"原则，大力推行农户自行管护、引导群众积极参与治理。结合全市"碳达峰、碳中和先行示范区"的创建，积极倡导林农在石漠化区域大力发展碳汇林业，促进森林植被恢复与绿色经济发展，提高石漠化区域可持续发展能力，采取多种形式大力宣传石漠化治理工程的重要意义。同时，全市创新生态补偿机制，加大石漠化区域生态惠民力度，在石漠化区域林地全部纳入省级以上生态公益林进行补偿的基础上，进一步划入特殊区域提高补偿标准，实现石漠化区域生态公益林补偿45.1元/（亩·年）。

二、工作成效

韶关市以全面推进行长制为契机，紧抓山水林田湖草试点建设，用好用活山水林田湖草生态保护修复工程试点资金，开展石漠化区域综合治理，着力五个坚持，科学实施、精准治理，破解了石漠化地区"久治未见绿"难点，初步实现了"石漠化面积缩减、石漠化程度减轻、植被盖度提高"等三大变化，治理成效显著，为石漠化地区保护复绿和脱贫攻坚开辟了林业新道路。

（一）生态效益

韶关市2018—2020年石漠化区域综合治理面积合格率100%，造林林分长势良好，造林成活率均在95%以上。石漠化区域综合治理完成后，全市共增加森林面积3万亩，精准提升森林质量面积19.29万亩，提高石漠化区域森林覆盖率5.10%，基本实现了石漠化区域标本兼治。据估算，每年可吸收森林二氧化碳73万吨，产生氧气27万吨，可涵养水源159.6万立方米，充分改善珠江中下游地区的生态状况和减少泥沙淤积量，减少土壤流失量100多倍，并有效增强土壤肥力，降低农林业生产成本。

韶关市石漠化区域综合治理前（左图）后（右图）对比

（二）经济效益

截止到2022年，韶关市石漠化区域油茶种植面积已近5万亩，建设油茶基地1万多亩，年产山茶油2000余吨，年产值1亿元，注册成立了广东碧春晖、广东宝华、乐昌富树山、乳源中顺等10余家油茶产业发展公司，成立乳源奔裕康、顺源达以及乐昌焕新、凌峰等种植专业合作社近20家，形成了一批可借鉴、可复制、可推广的典型示范工程作为治理"样板"，在全市石漠化区域得到广泛推广应用。通过将"治漠"与"兴农"相结合，带动油茶、光皮树、吴茱萸等产业带建设7700余亩，推进区域林产业化发展，增加林农收入近5600万元，带动致富500余人。

韶关市石漠化区域治理经济作物种植成效（左图：脐橙种植；右图：油茶种植）

（三）社会效益

自2018年以来，全市累计落实石漠化区域发放中央、省财政两级财政生态公益林补偿资金近3亿元，为实施石漠化区域森林的长期管护提供了强有力的保障。通过不断造林绿化，预计不久后的将来，可建成环绕城市的14.56万亩森林屏障，韶关城郊的森林覆盖率将明显提升，一座座荒山秃岭将变身为城市森林公园，昔日"大风吹、沙石飞，暴雨下、泥石流"的状况也将不复存在，进一步加快推进石漠化综合治理，助推林业兴农、实现乡村振兴，着力提升全市森林质量，致力打造生态和谐、善美韶关，全力筑牢粤港澳大湾区生态屏障，为大湾区生态安全提供有力保障，推动构建"南粤秀美山川"，加快"绿美广东"建设。

三、经验启示

韶关市以全面推行林长制为契机，在石漠化地区实施石漠化区域综合治理，"治漠"与"治贫"兼并，着力从源头彻底砍断"石漠化"和"贫困化"的恶性循环，立足当前、着眼长远，建立广东省石漠化地区林地综合治理长效机制，其系统化治理模式和路径，可供类似岩溶地区城市学习借鉴，有力促进区域经济、社会、生态协调发展，同时需因地制宜系统规划，确定技术路线、推进举措和管护机制，不断巩固和提升生态保护修复成果，为全国石漠化综合治理提供重要经验。

"海岸带林长"海陆统筹治理，推动国际红树林中心建设

深圳市林长办

根据深圳市最新湿地调查数据，截至 2021 年 12 月 31 日，深圳市湿地总面积约 35748 公顷，其中红树林面积 296.18 公顷，逾一半的红树林分布在深圳湾。深圳以福田红树林国家级自然保护区、华侨城国家湿地公园为重要生态节点，与香港米埔湿地共同组成了深圳湾红树林滨海湿地生态系统，为东亚—澳大利西亚迁飞区每年近十万只迁飞水鸟提供了优质的栖息地。然而，外来植物的扩张式生长，对深圳湾本土红树生长及水鸟活动产生了不利影响，同时也加速深圳湾的滩涂淤积，湿地生态系统变得脆弱。红树林是湿地保护的重中之重，深圳市委、市政府充分发挥各级林长职责，在反复实践中不断探索红树林修复技术标准和效果，推动国际红树林中心建设，以期为全国乃至全球红树林湿地修复提供参考借鉴。

一、主要做法

（一）林长高位推动，实施海陆统筹严格保护

2021 年以来，深圳市以全面推行林长制为抓手，将红树林作为湿地保护的重要对象，把红树林保护修复，列为林长制推行重大任务。福田、南山、宝安、大鹏为红树林集中分布区域，辖区均成立了海岸带林长，实施海陆统筹总体保护红树林。福田红树林保护区、华侨城湿地公园列入市级林长挂点重点生态区域，市副林长多次前往实地调研，对修复工程开展遇到的问题第一时间推动解决。近两年，凡遇重大交通项目建设单位申请移植采伐红

树林，市政府会议研究后都要求项目单位绕道走，不计代价都要最大限度保护好红树林，确保面积不减少，生态功能不破坏。

（二）开展红树林本底调查，保护机制不断完善

两年来，深圳市完成了红树林及宜林地的专项调查，形成新的资源数据库，全面支撑红树林资源管理、保护和监测等工作。2022年，启动《深圳市红树林保护修复专项行动详细规划》，指导规范全市红树林种植修复工作。为切实加强红树林保护管理，进一步指导和规范建设项目涉及移植、采伐红树林事项审核审批工作，印发了《深圳市建设项目涉移植、采伐红树林事项审核审批工作规则（试行）》，为建设项目占用红树林明确了审批路径。

（三）引入社会力量协同治理，共建共享机制逐步形成

深圳市充分调动各界力量，引入社会资本，吸纳社会力量参与深圳湾滨海湿地保护。持续依托华侨城集团、红树林基金会等社会力量开展华侨城国家湿地公园、福田红树林湿地公园的保护修复和运营管理等工作，充分发挥其在生态保护和科普教育方面经验、技术、人员和社会资金募集优势，开展湿地公园生态化、专业化管理，形成"政府主导、社会运营、公众参与"的滨海湿地保护深圳模式。同时，红树林湿地的保护修复工作，得到了包括深圳、香港两地社会各界在内的广泛关注和支持，通过互联网平台，撬动社会各界资源，使其成为"政府＋公益机构"发挥双方优势，共同应对湿地生态问题的典型案例。

（四）精准实施生境修复技术，生态功能提升明显

自2021年推行林长制以来，深圳市在福田区开展深圳河口、凤塘河口、福田红树林国家重要湿地生态修复，对海桑属植物进行试验性清理，分别营造适宜水鸟活动的光滩和"红树—半红树—岸基植物"微生态系统；开展福田红树林湿地生态修复工程，清除芦苇，营造开阔水面和不同坡度小岛，修建环形深水沟，建设智能水闸，实现鱼塘水位调控和生物交换，满足多种鸟类的栖息和觅食需求，精准服务鸟类。2022年11月以来，监测到在保护区鱼塘过夜的黑脸琵鹭数量超过150只，创造了福田红树林国家重要湿地的历史记录。

2022年，南山区将前湾片区湿地修复工程列入了林长惠民工程，南山区前海前湾片区滨海一线区域新填出的海岸线因难以通过自然再生能力实现

植被覆盖，所以长期处于黄土、砂石与海水泥滩"野蛮"交织状态。南山区在修复区域边界打下木桩并横向固定，用于固泥稳滩，同时培育红树胚轴繁殖体，采用繁殖体进行种植。根据繁殖体成熟情况，采取直接插植胚轴或种植幼苗的方式进行种植，适时进行补植。该项目现正稳步推进，以期通过人工种植红树林的方式，实现陆域外侧岸线植被覆盖。

2022年11月，黑脸琵鹭抵达福田红树林保护区鱼塘

二、工作成效

（一）湿地生态效益显著提升

深圳市通过在深圳湾深圳河口区域开展湿地保护修复工程项目，已累计清理无瓣海桑17公顷，并通过监测和防萌蘖处理，有效防止海桑属植物的再度扩散，为其他地区清除外来红树植物提供经验和示范。同时，种植适当面积的乡土红树植物，替代外来植物，进一步优化鸟类栖息地生境质量，显著提升生态效益。此外，推动福田红树林湿地公园成为我国第一个完成生态产品总值（GEP）核算的城市公园，每年可提供生态服务估值1.92亿元。

（二）生物多样性更加丰富

深圳市通过在深圳湾开展海桑属植物治理及鸟类栖息地营建，吸引了大量鹭鸟及鸻鹬类水鸟来此栖息，这里也成为国家一级保护野生动物黑脸琵鹭每年造访的稳定停歇地，福田红树林的生物多样性和生态化程度显著提高，生态廊道功能进一步得到体现。在深圳湾多次观测到国家一级保护野生动物黑脸琵鹭、小灵猫及国家二级保护野生动物豹猫、欧亚水獭。这也是欧亚水獭在深圳湾（深圳一侧）消失近 20 年来首次再被记录。据统计，深圳河入海口区域鸟类种类由治理前的 92 种上升到 167 种，单次调查最大记录数量由 871 只上升到 3740 只。其中有世界自然保护联盟（IUCN）濒危物种红色名录极危鸟种黄胸鹀，国家一级保护野生动物 3 种和国家二级保护野生动物 21 种。

红外相机记录到福田红树林湿地公园欧亚水獭

红外相机记录到福田红树林保护区黑脸琵鹭

（三）监测评估树立成功范例

"深圳河口红树林生态修复监测"项目是基于河口开展的海桑属红树林的相关生态管控的修复工作，结合长期动态监测，构建生态监测数据库，将系统分析深圳河口红树林修复区域的生态理化环境、水文动力、生物多样性等动态特征，及时掌握区域红树林生态修复的效果和不足，形成系列监测报告及修复技术参考标准和修复效果评估方案，力争为全市、全省乃至全国的红树林生态修复提供理论和实践参考，也为建立科学有效的红树林生态管理措施提供深圳示范案例。

（四）开展自然教育营造氛围

福田区、南山区以推行林长制为契机，灵活依托福田红树林自然保护区自然教育中心、红树林基金会、华侨城湿地自然学校，结合"林长＋自然校长"，面向公众开展湿地科普宣传教育，吸引市民参与红树林湿地保护行动。同时，不断完善志愿者队伍建设，强化志愿者招募培训，动员公众参与红树林湿地保护和相关知识传播，形成全社会保护红树林湿地的良好氛围。2022 年全市共发展培训红树林志愿者约 200 人，自然导师近 30 名，长期开展红树林科普教育活动，满足公众日益增长的科普导览需求。

（五）国际红树林中心花落鹏城

2022年11月5日，国家主席习近平以视频方式出席《湿地公约》第十四届缔约方大会开幕式并发表致辞，提出在深圳建立"国际红树林中心"；11月8日，深圳市委常委会召开会议指出，要高标准高质量推进"国际红树林中心"筹建工作，全面加强生态保护治理国际交流合作，打造好这张新的城市"生态名片"；11月13日，《湿地公约》第十四届缔约方大会审议通过设立国际红树林中心的决议草案，"国际红树林中心"设于深圳。深圳必将不负重托，依托国际红树林中心搭建的合作平台，促进全球红树林研究、交流、合作能力建设，为全球红树林保护和治理作出更大贡献。

三、经验启示

一是事前要摸清家底。掌握家底是一项工作实现从"0"到"1"的突破的关键，有了这个1，后续才会有更多的"0"。深圳市以全国第三次国土调查的高精度，于2021—2022年开展的湿地资源调查中，包括了红树林及宜林地的专项调查。该项调查摸清了全市红树林家底，完成了对红树林的分布、面积、树种以及宜林地的点位、面积的数据收集并形成数据库，为后续开展红树林管护、管理、修复以及政策方针的制定、相关规划的编制、红树林湿地的监测等打下了坚实基础。

二是事中要精准施策。从制度保障层面，深圳市通过编制红树林详细规划、规范红树林审批，来稳定全市红树林规模，确保红树林面积不减少。从具体措施层面，深圳市积极与香港交流，通过营造红树林、持续开展湿地监测、修复提升福田国家重要湿地和华侨城国家湿地公园生态功能等工作，精准施策，以小带大，以点带面，通过在局部区域开展项目，不断探索开展红树林乃至整个深圳湾湿地的保护。

三是事后要监测评估。深圳市在探索构建长期系统的湿地动态监测机制，开展对红树林湿地保护、修复效果甚至是建设项目对红树林造成的影响进行监测评估。通过选取关键点位的关键物种进行长期调查监测，整理分析监测数据，横纵向对比，实现对红树林保护修复等相关项目效果的评估，以期为全国甚至全球提供红树林保护修复的深圳经验。

聚焦生物多样性保护，彰显野性潮州生态魅力

潮州市林长办

生物多样性使地球充满生机，也是人类生存和发展的基础。近年来潮州市委、市政府以全面推行林长制为抓手，持续加强生态环境保护和生态文明建设，聚焦潮州生物多样性保护。市委书记、市第一林长多次召开专题工作会议研究部署，并深入一线调研检查，强调要把生物多样性保护作为"把潮州建设得更加美丽"的重要内容。在市委、市政府的领导下，各级林长高位推动生物多样性保护工作，成立保护机构、加强财政投入、压实基层责任。潮州生物多样性正逐渐丰富，特别是中华穿山甲、韩江鼋、栗喉蜂虎、紫水鸡等珍稀濒危野生动物种群实现恢复性增长，潮州大地的"绿色福利"和"生态红利"正惠及更多百姓。

一、主要做法

（一）林长重视，高位推进生物多样性保护工作

潮州市委、市政府多次召开专题会议，市委书记、市第一林长亲自研究部署生物多样性保护工作；结合制定国土空间规划的制定，严格划定"三区三线"及生态保护红线；启动生物多样性调查，组织开展常态化观测，建立生物多样性基础数据库；探索开展对潮州特有珍稀动植物保护的立法工作，加快完善生物多样性保护政策措施；加大对生物多样性保护的宣传力度；研究增加全市野生动植物保护相关工作人员编制等5项工作被列入市委督办事项。全市各级各部门围绕5个市委督办事项，全力推进国土空间规划、生物多样性调查、生物多样性立法、生物多样性保护宣传及专业队伍建设等工

作。成立省内首个专门以地区生物多样性研究为目标的保护研究中心——潮州市生物多样性保护研究中心，核定事业编制22名。各县（市、区）也相应成立生物多样性保护机构。此外，"保护生物多样性"自然课堂走进市委办机关党委讲坛，讲坛邀请《野性潮州》纪录片导演丁铨进行专题分享，增强广大干部对生态环境和生物多样性的保护意识。

（二）压实林长责任，明确重点工作任务

市林业局以全面推行林长制为契机，印发《全市生物多样性保护重点工作任务清单》，从"启动生物多样性调查，组织开展重要生态系统和生物类群常态化观测，建立生物多样性基础数据库"和"立足职能，进一步加大对生物多样性保护的宣传力度，对野生动物的活动区域以及具有标志性的景观植物进行挂牌保护"两大方面统筹推进辖区内野生动植物资源调查、清除鸟网、压实基层生物多样性保护责任等清单化措施。充分发挥林长制"一长两员"作用，落实源头网格化管理责任，强化野生动物资源重点分布区、野生动物栖息地和繁衍地、迁飞停歇地、迁飞通道的巡查巡护和值守力度，并登记好巡查发现的情况，一旦发现异常立即上报。

（三）持续摸底调查，掌握物种资源动态变化

通过对境内野生动植物及其生境状况进行调查、监测和评估，完成《潮州市陆生野生动物资源本底调查报告》《潮州市陆生野生植物资源本底调查报告》和《潮州市中华穿山甲种群调查报告》，进一步掌握相关物种的数量、分布、动态及栖息地状况。对中华穿山甲、潮州茋等国家专项和重点物种及潮州特有珍稀野生物种的资源补充调查项目，建立基础数据库，进一步摸清潮州市重点区域野生动植物多样性情况。

穿山甲

潮州茋

（四）加强部门合作，开展专项保护救助

根据市全面推行林长制领导小组印发的《潮州市全面推行林长制部门协作制度》，会同市委、政法委等多个部门开展"2022清风行动"和"拒绝滥食野味"联合执法检查，对全市范围内的餐饮服务单位、农贸市场、养殖场、农家乐和有关镇村进行明察暗访，共张贴、发放宣传资料350余份，销毁捕鸟点4处和捕鸟网约120平方米，放生国家二级保护野生动物2只、"三有"保护动物1只，没收违法制品12份，进一步巩固野生动植物保护管理成果。

（五）推动补偿保险落地，保障人民群众生命财产安全

市林长办、市林业局主动谋划，积极与潮州市太平洋财产保险、潮州市平安财产保险、潮州市人民财产保险等三家保险公司联系对接，在全省率先推出野生动物致害政府救助责任保险机制。同时强化举措推动各县（区）林业主管部门与三家保险公司签约野生动物致害政府救助责任保险，分别承保潮安区、饶平县、湘桥区等区域划定的农业生产经营范围内野生动物致害损失，实现野生动物"闯祸"，政府投保"买单"，群众获益，真正形成保护野生动物与保障人民群众切身利益双赢局面。

饶平县野生动物致害保险签约现场

潮安区野生动物致害保险签约现场

（六）加强宣传教育，营造良好保护氛围

潮州市积极开展生物多样性保护宣传工作，充分利用网络、报纸、电视、广播等各种新闻媒体加大宣传力度。2022年5月开展"爱鸟周""世界野生动植物日"等生态宣传活动，举办"潮州市2022生态摄影展"，对具有潮州市代表性的动植物、生态摄影作品进行展示，邀请科普老师进行介绍和

讲解，并在现场开展"乐享自然，穿山甲创意DIY"活动，加深小朋友对潮州珍稀动物的认识；同年8月6日，举办第三届粤港澳自然教育季（粤东分场）暨生物多样性保护宣传系列公益活动，通过省内多个自然保护区的风貌和生物多样性展示、趣味互动活动等形式，让孩子们以大自然为老师，近距离感受自然教育的魅力，了解生物多样性保护工作，培养青少年对自然生态保护的意识。此外举办"生物多样 野性潮州——潮州自然生态漫谈"沙龙分享会，编制潮州珍稀野生动植物图册及视频，让更多人了解潮州特

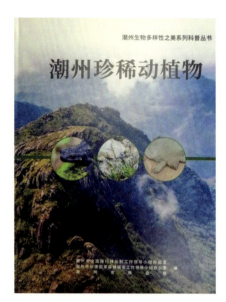

编制《潮州珍稀野生动植物》

有珍稀动植物现状，以及生物多样性保护工作的有关情况，示范带动更多的人关注和参与其中，为共同保护生物多样性营造良好的社会氛围。

二、经验启示

潮州市推深做实林长制，以更实的措施、更严的监管，全面禁止和惩治非法野生动植物交易和食用行为，提高全民野生动物保护意识；建立健全市级部门间协作机制，实行多环节联防联控，有效阻断野生动植物非法交易链条；不断畅通投诉举报受理平台，多元化拓宽案源渠道，打通群众监督"最后一公里"；持续加大对违法交易野生动植物典型案件的查处力度，加大对食用野生动物不文明行为的曝光力度，引导群众增强生态保护和公共卫生安全意识，积极倡导文明饮食，推动人民群众彻底革除滥食野生动物陋习，为共同保护生物多样性营造良好的社会氛围，彰显潮州魅力。

多管齐下护古树，推深做实共护林

珠海市高新区林长办

高新区古树名木总体呈现"大集聚，小分散"的分布特点，分布范围涉及唐家湾镇15个社区，共计1026株。其中，一级古树1株，二级古树7株，三级古树1018株。树种种类丰富，"孤品树"多，无患子科荔枝数量最多。罗汉松、木荷、厚叶山矾、破布木、枳椇等古树有且仅有1株。目前，区域古树整体保护工作推进良好，但仍面临树体老化、病虫危害、自然破坏等共性问题。

为深入贯彻习近平生态文明思想，认真落实中共中央办公厅、国务院办公厅《关于全面推行林长制的意见》《广东省林业局关于进一步加强古树名木保护管理工作的通知》，推深做实林长制改革，深入挖掘广东省古树群落珍贵资源，高新区根据《城市古树名木保护管理办法》等相关法规规定，发挥林长作用，从制度保障、常规管理和精准施策三方面探索工作新思路，积极采取各项切实有效措施，组织开展古树名木资源调查和保护工作。

一、主要做法

（一）建立健全体制机制，明确部门职责分工

高新区在全市率先印发实施《关于进一步明确珠海高新区古树名木管护职责分工的通知》，明确划分市自然资源局高新分局、区住房城乡

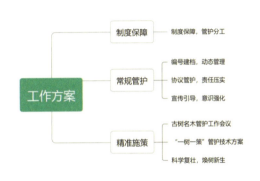

工作方案

建设局（城市管理单位）、唐家湾镇人民政府、散生古树名木管护责任单位管理管护职责和工作要求。其中，市自然资源局高新分局统筹全区古树名木保护管理工作，负责古树名木管理的行政许可，组织古树名木调查鉴定、建立档案、设置标志和划定保护范围。在此基础上，按实际情况对全区古树名木分株制定养护、管理方案，与古树名木养护责任单位或者个人签订古树名木管护责任书，并进行检查指导。

（二）描绘古树资源分布"一张图"，实施精细化管理

运用RTK定位技术对古树名木进行精准定位，提供WGS84坐标和国家2000坐标，形成"古树名木分布一张图"，并及时更正古树名木管理系统的坐标。精准定位后的古树现已编号建档并统一备案于广东省古树名木信息管理系统实行动态管理。此外为方便古树管理人员寻找古树以及掌握古树周围环境情况，采用无人机拍摄古树周边的生长环境、树木的冠幅情况以及周边地貌情况，确保多方位反映古树位置情况。

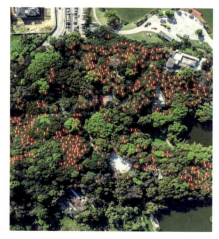

唐家共乐园古树名木分布

（三）编制古树资源保护"一树一策"，严格落实管护措施

通过"一树一策"深入调研普查，及时掌握每一株古树的健康状况、病虫危害、树洞等生长基础数据，用于支持和指导古树后期养护及复壮技术工作。通过对高新区古树名木的实地调研，对古树名木生长环境的分析和描述，对古树长势的评判，提出适宜的复壮保护措施，保护措施主要包括应急排险、抢救复壮、修建支撑、白蚁防治、病虫害防治、树洞修补、树冠整理、立地环境改造及整理、施肥复壮、基础设施建设、古树铭牌制作及悬挂等。依据《珠海高新区古树名木"一树一策"管护技术方案》，科学化、常态化、精准化开展古树名木科学复壮工作。设立警示宣传牌、设置支架及围栏，加装监控录像等进行美化保护。同时，还通过多形式多手段强化古树名木宣传，提高公众保护意识。高新区通过宣传折页、宣传视频、横幅、古树微信群及向管护单位宣讲和参与"广东十大最美古树群落"

评选活动等形式，积极宣传古树名木。使用轻型亚克力树牌展示古树信息，嵌入相应古树资料的二维码；为使对树体伤害降到最小，悬挂树牌的钢丝绳加套塑胶软管。

古树复壮

古树名木管护工作会议

二、工作成效

目前，高新区古树名木保护初步形成"制度化保障、规范化管理、精细化管理"的工作机制体制。实现破坏古树名木及其生长环境案件 0 宗，未按相关规定严格做好古树名木迁移审批工作或死亡注销工作案件 0 宗，发生古树名木被破坏案件 0 宗。

（一）制度完善

制订实施《关于进一步明确珠海高新区古树名木管护职责分工的通知》，明确并清晰地界定了管护责任主体，压实古树名木日常养护责任，高效打造古树名木管理体系，提高古树名木保护效能。

（二）管理规范

辖区内 1026 株古树名木，已全部编号建档，实现动态管理，全部落实管护职责完成管护责任书签订工作。全面强化宣传引导，提升古树保护意识。唐家湾共乐园古树群参与"广东十大最美古树群落"评选活动，获得 67.5 万票，排名第三，得到社会公众的充分肯定。截止到 2022 年 10 月，高新区共乐园古树群已成功通过省人大、市人大、区人大、省住建厅、省林业局等多场检查工作，获得各级领导的充分肯定和高度评价，成为高新区一张响当当的古树名片。

"广东十大最美古树群落"评选现场

(三)管护精细

进一步明确"统一领导、责任管护"的古树名木保护管理体制,厘清古树名木生长环境监测、日常管护和专业管护、抢救复壮等技术规范,逐步建立健全古树名木保护和管理的技术标准体系。在区党工委领导、管委会负责、社会协同、公众参与、法治保障的古树名木管护工作机制下,高新区上下逐步形成各司其职、各负其责、齐抓共管、运转高效的工作新格局,推进古树名木治理体系和管护规范化。

三、经验启示

(一)以制度建设保障,护航古树名木保护

深入贯彻习近平生态文明思想,认真落实《关于全面推行林长制的意见》《广东省林业局关于进一步加强古树名木保护管理工作的通知》,以实现古树名木资源有效保护为目标,加快推进古树名木保护管理立法工作,积极推进古树名木保护管理法治化建设,进一步落实古树名木管理和养护责任。

(二)全面落实常规管护,强化古树名木保护意识

根据古树名木资源普查结果,及时开展古树名木编号建档、公布挂牌等基础工作;建立古树名木资源纸质和电子档案;定期或不定期清查,动态管理。按照属地管理原则和古树名木权属情况,全面落实古树名木管护责任单位或责任人,签订管护协议,压实管护责任。充分利用各类媒体,大力宣传

保护古树名木的重要意义，宣传古树名木文化，不断增强社会各界和广大公众保护古树名木的自觉性。

（三）强化科技支撑，提高精准施策成效

加大对古树名木保护管理科学技术研究的支持力度，研究制定古树名木资源普查、鉴定评估、养护管理、抢救复壮等技术规范，建立健全完善的古树名木保护管理技术规范体系。大力推广应用先进养护技术，提高保护成效。根据古树情况精准施策，科学合理复壮古树名木。

"林—河"两长联动，助力湿地公园生态建设

韶关市翁源县林长办

广东翁源滃江源国家湿地公园（以下简称"湿地公园"）位于翁源县东部，总面积614.04公顷，是国家湿地公园试点建设单位，范围涵盖滃江干流及其支流（总长73.31公里）以及上游两岸部分林地。湿地公园范围广、人口较多、周边村庄分散，面临水源涵养林保护、饮用水水源地保护、城镇生活污水治理、农业面源污染治理等多维度环境保护问题。翁源县委、县政府高度重视，高位统筹，创新"林长制"与"河长制"联动工作机制，逐步提高滃江上游的水源涵养和水质净化能力，改善野生动植物栖息地环境，构建稳定的滃江湿地生态系统，维护了珠江流域水环境生态安全。目前，滃江源湿地公园已经成为以国家公园为主体的自然保护地体系建设中，集生态保护、科普教育、科研监测、休闲游憩于一体的综合性国家湿地公园。

滃江源湿地公园

一、主要做法

（一）加强组织领导，建立完善的管理机构和机制

一是建立全县统筹协调管理机制。成立了由县委书记担任组长、县长担任执行组长的国家湿地公园建设工作领导小组，同时统筹林长办及河长办，举全县各部门资源参与湿地保护工作。二是成立管理机构。成立了广东翁源滃江源国家湿地公园管理处（正科级公益一类事业单位），并将县河长办设于湿地公园管理处，充分强化水环境保护及治理工作。三是制定了《广东翁源滃江源国家湿地公园保护管理办法》等规章制度，实现了"一园一法"管理。

县级林长带队开展巡林巡查工作

（二）充分发挥林长制职能，突出滃江两岸林地保护

2019年，翁源县作为省全面推行林长制的试点县之一，以省级林长制试点县为契机，做深做细做实林长制改革。一是设立四级林长，实现林长制体系全覆盖。按照"属地管理、分级负责"原则，确定了10名县级林长、113名镇级林长、316名村级林长和1982名村小组级林长，构建起"责任在县、运行在镇、管理在村"的森林资源管理新机制。二是实施"护林"工程。配备专职护林员230人、临聘护林员305人，设立森林防灭火检查站点366个，发放森林防火、湿地保护、野生动植物保护宣传资料28万份，查处野外违规用火25宗，完成林业有害生物防治面积3万多亩。三是实施"增林"工程。完成高质量水源林造林3.18万亩、森林抚育8.15万亩、生态景观林带38公里和乡村绿化美化示范点89个。四是实施"管林"工程。在"广东省森林资源监测平台"融入视频监控和护林员巡护系统，安装60多套视频监控的前端和3套后台服务器，可监控全县约85%的森林区域。

（三）集合各部门力量，强化滃江湿地保护恢复

翁源县深入践行"山水林田湖草沙是生命共同体"的系统思想，坚持"保护优先、严格管理、系统治理、科学修复、合理利用"的原则，加强组

织领导，强化统筹协调，形成工作合力，深入推进山水林田湖草综合治理、系统治理、源头治理，促进生态环境质量持续改善。一是水务部门牵头全面落实饮用水水源地管护，推进农村"村村通"安全饮用水工程，完成农村饮水安全工程 28 宗。二是由国土资源部门牵头大力整顿非法开采违法行为，重点推进环境综合治理，完成生态修复 35 公顷。三是由住建部门主导全面推进生活污染治理工作，新增 4 个城镇污水处理厂和配套管网建设，完成农村生活污水处理设施 138 处。四是环保部门开展禽畜养殖专项整治工作，累计清退湿地公园外围养殖场 46 个，拆除栏舍 3.5 万平方米。五是县委、县政府结合全面实行河长制工作，将县河长办与湿地公园管理处合署办公，形成县—镇—村三级河长巡河与湿地公园日常巡护的联合管护机制，确保全县各河道保持日常洁净。

瀚江河滩涂清除工作

瀚江河滩涂植被恢复后

（四）引导开展社区共管共建，促进全民参与湿地保护

近年来，翁源紧紧围绕共享共建创建目标，充分发挥居民主体作用，推动社区组织共建、资源共享、活动共联，治理成效由居民群众共享，不断激发社区治理活力，着力打造共建共享新格局。湿地公园社区共管共建工作主要体现在以下方面：一是在社区宣传的基础上，与周边村庄签订湿地保护共管共建协议和村规民约，将湿地保护融入周边群众的日常生活；二是将湿地水质净化功能和环境美化功能融入美丽乡村建设，改善周边村庄生态环境；三是充分发挥湿地的"城市绿肺"功能，成为周边居民休闲健身、湿地体验、环境教育的重要活动场所，极大提升当地居民的获得感和幸福感。

二、工作成效

（一）湿地公园创建取得成功

近年来，翁源县高度重视自然保护体系建设，尤其是湿地公园在城市规划和地区长远发展中的战略定位，将湿地公园基础设施建设与陈璘公园、龙湖公园、兰花博览中心、一河两岸绿化工程等建设项目相结合，融合地方特色文化，集生态体验、自然教育、文化游览于一体，结合城市空间布局和发展，沿城区段滃江、龙湖两岸，逐步完善入口标志、生态停车场、公共厕所、休憩凳椅等配套设施，基本满足了湿地公园的管理和游览服务需求，成为翁源县重要的生态休闲中心和生态文明展示窗口。2020年11月，滃江源国家湿地公园通过了国家林业和草原局的专家验收。2020年12月，国家林业和草原局正式授予广东翁源滃江源"国家湿地公园"称号。

（二）生态环境质量明显改善

近年来，县委、县政府协调统筹林长制、河长制保护工作机制，滃江源湿地生态环境明显提升。湿地公园内水质常年稳定在国家地表水Ⅲ类标准，饮用水水源地水质稳定在国家地表水Ⅱ类标准。湿地公园内生态环境质量得到改善，生物多样性更加丰富，生态系统服务功能显著提升，水清岸绿景美的生态景观基本形成。

湿地公园良好的水质和生境

（三）生态资源效益显著提升

翁源县通过全面加强森林资源管理，探索出了一条由"山定权、树定根、人定心"向"山更青、权更活、民更富"方向转变的新路子。全县林地面积 245 万亩，森林蓄积量 1172 万立方米，森林覆盖率 73.59%。林下经济建设面积 28.35 万亩，林下经济总产值达 15.37 亿元，林农人均增收 2000 元/年，有力助推乡村振兴。湿地公园获评"广东省科普教育基地""韶关市科普教育基地"；江尾镇被评为"广东十大绿美森林小镇"；4 个村落获得"国家森林乡村"荣誉称号；成功创建国家 4A 级东华山风景区、青云山省级自然保护区、青云省级森林公园。

三、经验启示

（一）林长精心谋划部署

翁源县坚持贯彻落实习近平新时代中国特色社会主义思想、践行绿水青山就是金山银山理念，把生态文明建设摆在突出位置，加强组织领导，指导责任落实，统筹推动瀚江源国家湿地公园创建工作落地见效。

（二）构建全覆盖责任体系

翁源县制定了"党政同责、属地负责、部门协同、源头治理、全域覆盖"的工作机制，确保了湿地公园各项工作"有人抓、有人管、有成效"。

（三）培育生态文明意识

通过湿地科普馆、科普长廊等设施建设，积极开展生态保护系列宣传活动，充分发挥志愿者团体等公益组织职能，有效提升全民保护生态意识，营造全民参与生态保护良好氛围，形成上下联动、部门协作、全民参与的强大合力，着力保护生态环境，筑牢生态安全屏障。

（四）协调开展综合保护

坚定不移把保护生态放在首位，将湿地综合保护工程纳入城市综合系统建设，以保护为目的，以利用为手段，通过适度利用实现科学保护，让人民群众在自然生态和人文城市之中享有幸福感和获得感。

推进防灭火规范化试点建设，探索预防管控新模式

广州市增城区林长办

2021年12月，国家森林草原防灭火指挥部办公室印发《乡镇森林草原防灭火工作规范化管理试点方案》，增城区派潭镇被确定为全国6个"乡镇森林草原防灭火工作规范化管理试点"之一，是广东省唯一的试点单位。派潭镇以全面推行林长制为重要抓手，积极探索森林防灭火工作新机制，对标"五个示范"，因地制宜制定试点实施方案，细化4大类16项60子项建设任务，形成1个责任、2个预防、3个应急能力建设共18个制度类文件，为全国推动基层森林防灭火工作规范化管理探索创新路子、提供派潭经验。

一、主要做法

（一）积极推进信息化建设，实现应急指挥五级全贯通

派潭镇在建立集"应急管理、防汛抗旱、森林防火、地质灾害防治"四大功能为一体的移动巡护平台的同时，优化升级可视化指挥调度系统，彻底

派潭镇智慧治理综合管理平台

打通了应急指挥五级互联互通。全面实现了省、市、区、镇、村视频会商和应急联动,应急处置实现"四个一"。分行业分领域把"一键通"系统安装到位,三防责任人、灾害信息员、森林护林员,以及景区、民宿负责人共331人,应装尽装,一键到村居、一键到企业、一键到个人。同时,安装智能森林哨卫,建设视频感知系统,并与增城区林长制综合管理系统对接,将白水寨、东洞村、七境村、大猪兜、大封门(2个点)共6个点摄像枪12支全部接入镇综合调度指挥中心总系统。

(二)健全林长责任体系,确保森林防灭火措施落实落细

派潭镇强化压实党政领导、部门监管、林农主体、网格员巡护的"四方责任"。及时调整镇森林防灭火指挥部,明确镇党委书记为总指挥,镇长为常务副总指挥,分管应急管理和林业工作的领导为副总指挥;各职能部门、各村(社区)贯彻落实"预防为主,积极消灭"的森林防火工作方针,加强监督管理;林农主体负责人签订责任书,实行"4个100%",层层落实包保责任制;以森林资源管理"一张图"为基础,将全镇37个行政村(社区)划分为58个网格,每个网格配备1名网格员,明确岗位职责和巡护范围,将巡查管护责任落实到最小工作单元,做到山有人管、林有人护、责有人担。

森林防灭火演练

森林防灭火装备物资

(三)加强队伍力量建设,夯实综合应急救援基础

通过主抓建强镇级综合应急救援队伍、村级专职网格员队伍的"两级力量",依托镇专职消防队,优先选聘退役军人和持消防证书有志青年,组建

了一支36人的镇综合应急救援队伍，由镇应急指挥中心统一调遣指挥，按照"四个统一"要求，规范队伍管理和教育训练。实行24小时值班备勤，始终保持战备状态，实现一专多能、一队多用。采取"镇统筹、村聘、办管、驻村、全监督"的管理模式，整合现有的护林员、水管员，组建了一支58人的村级专职网格队伍，按"3+3+3+1"标准配置装备，负责林区巡护、防火检查和应急保障工作。同步储备了121人的镇应急保障队、各村（居）成立不少于20人的应急分队和8支企业义务应急队，全方位保障扑火救灾装备器材，基本形成统一指挥、覆盖广泛、功能齐全的综合应急救援队伍体系。

（四）全面实现网格化管理，打通森林防火"最后一厘米"

派潭镇聚焦实现"打早打小打了"目标，以林长制为抓手，坚持"定格、定员、定责、定岗"的四定原则，依托全镇行政区域的58个网格，绘制森林防灭火专题图，划定网格巡护区域，规定58名网格员全天24小时开启"云巡护"系统，坚持"人防+技防"相结合，通过徒步、机动车、无人机等方式，强化巡山护林，每天巡查里程不得少于25公里。每个网格同步配备由镇包片干部、镇挂村干部、村干部、林管员、志愿者组成的村兼职网格应急队伍，实行"一格六员"巡护机制，推动网格化管理常态长效。紧盯森林特别防护期，如清明节、重阳节等重点时节，在国有林场、进山主要路口的防火临时检查点设置"防火码"，所有人员需通过微信扫码进出林区，严禁火种上山、火源入林。

二、工作成效

（一）信息化建设进一步加强

通过提高科技化、智能化管理水平，将科技手段融入网格员管理、火源管控、日常巡护等森林防灭火工作中，应急处置同步实现"四个一"，做到指挥一个声音、发布一个窗口、行动一个步调。打破了派潭镇森林防灭火工作监控手段单一，主要靠传统视频监控或人工巡护，且智能化程度低，系统无法真正实现自动化；硬件设备参差不齐，无法满足野外恶劣环境需求，故障率高等森林防灭火"困境"。

(二)预防管控质效进一步提升

通过统一划定网格、统一选聘续聘、统一培训指导、统一日常管理、统一监督考核的"五个统一",以明确概念、落实责任、统一要求,推行"一人多岗、综合履职",实时查看网格员巡护轨迹,监管巡护效能,全面实现网格化管理,切实将"包山头、守路口、盯重点、签责任、打早小"的责任措施落实到人头、地块。

(三)应急处置能力进一步增强

派潭镇组建了一支综合应急救援专业扑救力量,实行归口管理,做到一专多能、专常兼备、防灭两用。完善组织体系,突出队伍职业化、能力专业化、管理规范化的"三化"本色,打造一支有信念、能力强的防灭火"尖刀"力量。队伍建设立竿见影,先后8次搜救牛牯嶂登山迷途人员,凸显了应急队伍联防联控、协同治理的成效。解决了森林防灭火队伍布局和建设水平参差不齐、专业技术水平不高、救援处置能力较差等问题,切实增强了防灭火队伍建设,为做好森林防灭火工作提供了坚实保障。

三、经验启示

(一)大胆创新探索信息化建设新思路

派潭镇大胆创新探索信息化建设新思路,高站位推动、高标准规划,积极探索,加大投入,充分利用上级的科技信息化优势,完善镇、村信息化建设,形成了集应急管理、防汛抗旱、森林防火、地质灾害防治等多部门融合的上下贯通、左右衔接、信息共享、安全畅通的应急指挥平台。派潭镇积极探索,加大投入,进行系统化建设。一是绘制全镇区域影像图、地形图和三维图,建立森林防灭火专题图层数据库。二是建设移动巡护平台,构建镇、村(居)、网格三级管理格局。三是优化升级应急通信可视化指挥调度系统,全面实现了省、市、区、镇、村五级全贯通。

(二)因地制宜探索队伍建设新机制

派潭镇敢于突破探索网格化管理新模式,结合自身状况,组织人事、应急管理、林业、水利部门的分管领导先后组织村书记、护林员、水管员召开会议,对建队标准、组建方式、工作职责、待遇保障等内容亲自解答,多方征求意见后制定了村级网格员聘用方案、管理规定，创新管理模式，规定护林员的"专职"性质。派潭镇因地制宜探索应急队伍建设新机制，结合自身区域特点、灾情情况、救援力量覆盖能力，依托镇专职消防队，组建综合应急救援专业扑救力量。

（三）敢于突破探索网格化管理新模式

派潭镇推行"一人多岗、综合履职"。制定了村级网格员聘用方案、管理规定，创新了护林员管理模式，规定护林员的"专职"性质。主要采取"镇统筹、村聘、办管、驻村、全监督"的管理模式，组建统一规范的村级专职网格员队伍，创立网格化管理新模式。

"林长+防火"——
探索"空天地"一体化防火新模式

惠州市博罗县林长办

生态文明建设是关乎中华民族永续发展的根本大计。森林防火是建设生态文明的基础保障和森林资源保护的首要任务,关乎县域生态建设和安全生产大局。博罗县高度重视森林防火工作,初步形成"党委政府高度重视、工作措施有效落实、人民群众共同参与"的良好局面,但仍存在镇(街)对森林防火资源力量统筹不到位,护林员队伍建设水平不高,防灭火物资应急储备不够充分,防火的方式方法比较单一,视频监测范围小、处置效率低,卫星遥感监测周期长、时效性差等问题。为进一步加强防灭火工作,建立健全党政领导层层负责、层层推进、层层落实的森林火灾预防和扑救机制,统筹各方面资源和力量,确保全县森林资源和人民群众生命财产安全,博罗县正在探索"林长+防火"——"空天地"一体化防火新模式。

"空天地"一体化森林火情早期处置示范演练现场观摩会

一、主要做法

一是"空",利用无人机空中实时巡护。为各镇(街)配备无人机,组织全县无人机操作使用培训,利用无人机加强森林资源日常巡护。当发现火情或接到视频监控感应报警时,无人机在现场全方位、多角度侦察核实火情,确定火情灾害等级,提供准确信息支持,辅助防火指挥中心的决策指挥,为合理调配人力、物力支援灭火提供科学依据。

二是"天",建立森林防火智能监控系统。在观音阁镇借助中国移动5G技术,利用先进的视频采集、热成像感知、定位、人工智能识别等技术,15秒内监测报警,通知有关人员,迅速作出反应,从火情发现、报警、交办、处置到归档全过程管理,辅助火情防控,做到早期及时处置。在罗浮山省级自然保护区、国有梅花林场等建成林火远程视频监控体系,逐步形成集实时"监测、预警、指挥、执法"为一体的森林防火管理机制。

三是"地",护林员强化常态巡护。借助北斗定位导航终端,护林员加强护林防护,落实好"包山头、守路口、盯重点"措施。当接到火情报警时,配合指挥中心及时抵达现场处置火情。同时,建立社会责任林长制,压实森林防火社会责任,明确山头地块包干县级、镇级、村级、护林员、承包地、墓主、山边农家乐、林区工程施工队等责任人责任,并签订责任书,把责任落实到最小单元。

"空天地"一体化森林火情早期处置演练现场

四是"空天地"一体,有效赋能森林防灭火。利用5G"空天地"一体化森林防火智能监控系统,实现火情预警信息自动传送,打造森林防火"千里眼"。在观音阁镇组织全市"空天地"一体化森林火情早期处置示范演练现场观摩会,从"天"发现火情、"空"监控火情、"地"处置火情,"灾前、灾中、灾后"全过程、全方位、立体化动态管控,有效演练"空天地"一体联动,较好实现"打早、打小、打了"。

二、工作成效

(一)有效推动了林长制责任落实

一是"党政+社会"全覆盖。目前全县已初步完成"一长两员"的三级林长组织体系建设,落实林长责任区域 223.69 万亩。共设立各级林长 1563 名(其中:县级 17 名,镇级 310 名,村级 1236 名),监管员 362 名,护林员 517 名,平均每人管护林地面积 4335 亩,实现全域覆盖。二是责任主体全覆盖。建立林地承包经营者管护责任林长制,明确林地经营者是其所承包经营林地的管护责任林长,镇、村级林长分别和各自责任区范围内的经营者(管护责任林长)以及各占用林地实施交通、电力等建设项目的施工责任者签订森林资源管护责任书。三是宣传教育全覆盖。2022 年向群众派发森林防火宣传小册子等资料累计发放 51000 份;在林区、村庄、主要干道两侧悬挂横幅、标语,累计悬挂 1230 条。在特别防护期开展"严防森林火险 守护绿水青山"为主题的大型森林防火宣传月活动,推进"行军式宣传"+"小手拉大手"+装备展示使用系列活动。利用罗浮 APP、网站宣传野外违规用火反面典型案例,加大森林防火宣传教育力度。在清明、国庆等节庆采

管护经营者责任书签订仪式

罗阳街道集装箱式示范点

取各种土办法、接地气的方式，让村民树立科学意识，倡导鲜花祭拜等文明拜祭的新风尚，营造文明低碳拜祭的社会氛围。

（二）有力推进了基层防灭火力量建设

一是推进集装箱式森林防火检查示范点建设。进一步推进打造集岗亭、防火物资仓库、休息室于一体的集装箱式示范点，完善视频监控、广播、网络、水电等设备配置，提升林区森林资源保护管理条件，为实现森林资源管理网格化、信息化打下坚实基础。目前，博罗县罗阳街道、龙溪街道、观音阁镇、横河镇等镇（街）全覆盖完成集装箱式多功能信息化全面推行林长制暨森林防火检查示范点建设，森林资源管护水平显著提升，有效确保在处置森林火情时反应及时、准备充分。二是强化应急力量建设。协调多方力量建立长期有效的森林防火联防联控机制，县森林防灭火指挥部统筹辖下各镇（街）森林防火中队、民兵分队、护林员，联合各镇街下辖村"两委"干部，定期开展演练，强化各环节保障能力。将县域内林业作业人员、砍伐工人、线上工程点公司作业人员、挖掘机（铲车）司机等人群纳入应急力量储备，主要职责为开火界，并协助早期火情处置，一旦有火情，立刻动员，第一时间赶赴现场协助早期火情处置。目前，全县组建林区作业人员等应急队伍20支250人，形成一支集救援、保障、扑火等于一体的森林消防社会队伍。

（三）科学搭建了森林防火应急指挥系统

通过应用先进的视频采集、传输、热成像感知、定位、AI智能识别等"智慧+"技术以实现对森林全天候、高频次、大范围的防火立体监测。结合区域数字高程模型，运用地理信息系统的空间分析方法确定选址方案，选定博罗县观音阁镇南村村、菱湖村、南坑村及棠下村4个区域作为第一期的监测站点。该系统的成功投入运行，一改以往森林防火以人工巡查为主，观测范围小、效率低以及卫星遥感监测存在监测周期长、及时性低等问题。火点检测距离最远可达5公里，报警响应快至10~15秒。平台实现全天候24小时实时监控、识别、视频和音频短信报警。除此之外，依托中国移动5G网络优势，手机APP实时在线监测，支持火情最短路径地图导航，为及时发现、及时到达、及时扑灭提供智能技术支持。

（四）初步达到了"1+1+1>3"的防火效果

2022年，博罗县全县无较大森林火灾、无较大财产损失、无人员伤亡。

三、经验启示

博罗县"林长+防火"的"空天地"一体化防火新模式,以全面推行林长制工作为抓手,统筹好"空""天""地"防火资源和力量,最大限度地发挥好各方作用,共同谋划做好森林防火工作,达到"1＋1＋1>3"的现实效果,真正实现"守住山、管住人、防住火"的总目标,切实保障辖区森林资源安全和人民群众生命财产安全。

推进自然生态文明建设，打造高品质森林城市

佛山市顺德区林长办

顺德区位于广东省中南部，珠江三角洲腹地，北接佛山市禅城区，东连广州市番禺区、南沙区，南邻中山市，西与江门市、佛山市南海区接壤，毗邻香港、澳门，地理位置优越。全区东西相距39.4公里，南北相距37公里，总面积806.57平方公里，下辖4个街道6个镇205个村（社区），森林面积6051.11公顷，森林覆盖率7.5%，生态公益林面积1349.73公顷，全部为省级生态公益林。

近年来，顺德区以全面推行林长制为抓手，以构建"蓝绿成网"的自然生态文明格局为目标，按照"四大行动计划"27类任务稳固推进自然生态文明建设工作，重点开展高品质森林城市建设、万亩千亩公园、河心岛生态修复、生态廊道建设等项目，多渠道、多途径实施城乡增绿，持续增加森林绿地总量，不断扩大生态空间，切实保护好顺德绿水青山，让市民推窗见绿、漫步进园，更好满足市民日益增长的优美生态环境需要，为推动顺德区高质量发展提供良好的生态保障。

一、主要做法

（一）强化建章立制，提升知责尽责担责意识

顺德区高度重视自然生态文明建设工作，把实施林长制当作自然生态文明建设的重要抓手，统筹谋划发挥顺德区自然生态文明建设的生态、经济和社会效益。2022年，顺德区全面推行林长制工作重心从"建章立制"向"推深做实"转变，成立自然生态文明（高品质森林城市）建设工作领导小

组，建立工作例会制度，加强部门联通，形成加快推进自然生态文明建设的工作合力。建立区、镇信息报送制度和项目库更新制度，定期收集自然生态文明建设项目进度情况，加强相关工作的进度管理与督查。加强实地督导与调研，深入万亩千亩公园、河心岛等重点项目现场，考察项目落实情况，加快推动自然生态文明建设项目落地成效。

（二）强化区级统筹，提升城市生态规划引领水平

主动对接落实《佛山市大湾区高品质森林城市建设规划》，印发《佛山市顺德区建设大湾区高品质森林城市工作方案》，细化落实城乡绿化建设的目标任务。加强对重点项目的规划统筹力度，根据市级工作部署，在区级层面编制了《佛山市顺德区河心岛生态修复五年延伸行动方案》，落实河心岛生态修复任务。引入专业视角，指导开展自然生态文明建设工作，委托专业团队先后编制了河心岛生态修复"一岛一策"总体规划、万亩千亩公园"一园一策"总体规划以及顺风岛、大汕岛综合生态修复方案，更好地推动相关工作顺利开展。

鲤鱼沙生态公园

（三）强化宣传引导，提升众志成城共建共享合力

大力开展义务植树活动，掀起春季造林绿化和全民义务植树热潮，加快

推进大规模国土绿化行动，营造全社会"植绿、爱绿、护绿、兴绿"的良好氛围。以新闻宣传和社会宣传相结合的方式，加大自然生态文明建设成效的宣传推广，成功举办了"醉美顺德"森林城市摄影展、高品质森林城市"共建森林城市 乐享生态福祉"主题宣传活动、"花样公园 无毒社区"主题林植树宣传活动、"严防森林火险、守护绿水青山"森林防灭火宣传月活动等线下活动，提高了广大市民对高品质森林城市建设、森林防火、保护野生动物、有害生物防治等的认识，引导群众自觉做生态文明建设的倡导者、传播者、捍卫者、建设者。

"醉美顺德"森林城市摄影展

森林防灭火宣传月活动

二、工作成效

2022年，顺德区积极落实全面推行林长制实施方案，持续推进自然生态文明建设和大湾区高品质森林城市建设，市域森林覆盖率增至38.94%，建成区人均公园绿地面积提高至25.19平方米，绿化覆盖率提高至47.37%，成效明显。

（一）推进万亩千亩公园建设，打响"顺德品牌"

顺德区2022年编制《万亩千亩公园建设作战方案》，投资约1.6亿元，有序推进建设项目36个，以项目建设为抓手，紧盯已制定的实施计划，督促指导各公园进一步完善趣径、趣点、出入口、标识系统、基础服务设施，加强生态保护修复，加快推进公园建成开放，打响万亩千亩公园的"顺德品牌"。

（二）构建城市"蓝网"+"绿网"

沿城市内部的河流水系两侧规划滨水绿地，形成城市"蓝网"。顺德区主动开展滨水绿化景观建设，积极推进河心岛高质量生态修复，以顺风岛、大汕岛作为重点研究及保育的河心岛，推动实施管理、监测、修复和活化四个方面的生态修复重点工作。

沿重要交通干道规划防护绿地，形成城市"绿网"。顺德区推进交通生态廊道建设、村镇公园建设、公园绿地增绿提质等工程，大力开展全民义务植树活动，推动全社会参与国土绿化建设。2022年新春植树及植树节期间，全区共开展植树活动14场，种植树木约5150株，植树面积约5.5万平方米；春季造林种植落羽杉2万多株，新增绿化面积约1.1万平方米。

蓝绿成网谱出宜居顺德

三、经验启示

一是健全规划实施机制。以推深做实林长制为契机，以重点生态修复工程为抓手，加大生态保护修复力度，大尺度建设绿色生态空间。二是健全组织保障机制，推深做实林长制，加强顶层设计，强化责任落实，强化工作的整体性、协同性。三是健全创新激励机制，注重科学谋划，加大宣传力度，推动全民参与。四是健全动态监督管理机制，全面提升自然生态文明建设的生态、经济和社会效益。

推动海岛林业增绿添彩，打造南澳"两山"样板

汕头市南澳县林长办

南澳位于广东省东南部海面，是广东唯一的海岛县，也是目前全国13个海岛县（区）中唯一的全岛域国家4A级旅游景区，自然环境优美，人文历史悠久，素有"粤东明珠"之称。全县林地面积12.12万亩，省级以上生态公益林面积8.19万亩，森林覆盖率达到72%，全县常见植物102科约1400种，现有古树名木134株，是北回归线上的一片绿洲。

2021年以来，南澳县积极按照省、市部署认真推行林长制工作，始终坚持以习近平新时代中国特色社会主义思想为指导，认真贯彻习近平生态文明思想，深耕"蓝绿"园区，践行"两山"理念，坚持"工业不上岛"，依托丰富的海岛自然资源和深厚的历史文化底蕴，持续加强生态保护力度，取得显著成效，拥有"全国生态示范区""全国造林绿化先进集体""全国绿化模范县"和"广东省林业生态县"等多张生态名片，进一步畅通"绿水青山"转化为"金山银山"的有效路径。

一、主要做法与成效

（一）有序"增绿"，做实生态修复

南澳县按照《南澳县彩色林业建设总体规划（2019—2028）》目标任务，根据省、市每一年度下达的营造林计划任务制定造林计划、细化造林措施，积极向上级争取省级涉农资金，以中华楠、山杜英等阔叶彩色树种作为主要树种开展了水源涵养林、沿海防护林等林业重点生态工程建设，在确保发挥森林生态功能的基础上兼顾生态功能和景观效果，突出南澳绿化特色营造森

林景观，实现南澳林业生态效益与绿化美化的相互协调、有机统一。与此同时，南澳县积极推动迹地复绿，近年完成全县7处裸露山体复绿工作，开展火烧迹地（果老山、大篮口水库边）复绿工程，为裸露山体重披"绿装"。

（二）创先"添彩"，做细林相改造

作为广东最美旅游公路之一，环岛公路是游客游览南澳的必经之路，公路一侧青山连绵苍翠如画，一侧碧海无垠波光粼粼的美丽风光，成为南澳的一张亮丽名片。但环岛公路目前也存在南澳大桥入口处森林景观单调、缺乏色彩变化，多个路段出现松林衰退、植物长势不佳等问题。对此，南澳县以《南澳县彩色林业建设总体规划（2019—2028）》为引领，筹集2000多万元开展林相改造建设项目，针对辖区范围内受松材线虫病影响严重的松树林、环岛公路两旁以及重要观景点可视范围内的低效林以及宜林地进行更新改造、补植套种和景观提升，以"绣花"功夫做大"文章"。项目分三期建设，总面积达19519亩，其中松树林更新改造面积13030亩、低效林补植套种面积6069亩、宜林地人工造林面积420亩。

林相改造前（上图）后（下图）对比

（三）守住绿水青山，筑牢生态安全屏障

自南澳县确立彩色林业的发展路子以来，积极将彩色林业建设融入营造林、迹地复绿、林相改造等工作，基本消除南澳县"10·23"森林火灾果老山等片区的灾后痕迹，逐步恢复和重建生态功能稳定、景观优美、效益显著的南亚热带季风常绿阔叶林。对处于重要区域和林分结构不稳定、逆向演替趋势明显，以及已经衰退的松树林和低效林进行更新改造和景观提升，优化森林群落的林分结构。森林生态系统在抵御自然灾害、涵养水源、调节气候、改善人居环境等方面的生态功能明显增强，更好地保障人民群众的生命财产安全。

林相改造现场

（四）打造金山银山，增强人民群众幸福感

通过打造多层次、多色彩、高标准、高质量的森林景观发展彩色林业，建设彩色林业丰富了旅游景点、美化了海岛景观、增强了对游客的吸引力，使海岛风光从"一处美"到"处处美"，从"一时美"到"时时美"。让休闲娱乐有了新的去处与多样化的选择，不仅鼓起了腰包，而且富足了精神。通过增设林长制、森林防火、林相改造等宣传牌，有利于增进群众对林业生态建设工作的了解，在全县范围内掀起林业生态建设热潮，带动和吸引社会各界投身到林业生态建设中。

二、经验启示

保护一片绿地,撑起一片蓝天,这是美好愿景,更是职责所在。党的二十大报告指出:"必须牢固树立和践行绿水青山就是金山银山的理念,站在人与自然和谐共生的高度谋划发展。"南澳县深入剖析现有问题矛盾,找准彩色林业发展方向并合理定位,深入贯彻总书记关于"两山"的重要论述,在推行林长制发展的过程中,高度重视保障生态效益,并以生态的可持续发展实现社会、经济的可持续发展,成为全省首个打造彩色林业的县(区)。南澳县下一步将继续巩固林业生态发展成效,持续深入推动彩色林业工作从"有没有"向"好不好"、从"积累量"向"提升质"转变,不断绿化、美化、香化海岛,为建设人与自然和谐共生的绿美广东贡献南澳力量。

南澳县风光

第三部分
助力全面推进乡村振兴

森林是水库、钱库、粮库、碳库，是生态、经济和社会效益的综合体。广东省第十三次党代会明确提出，要优化实施"菜篮子""果盘子""水缸子""茶罐子""油瓶子"等系列培育工程，把绿水青山转化为金山银山。全面推行林长制，就是要把林草业作为高质量发展的重要一环来抓，拓宽绿水青山转化为金山银山的通道。各地要充分发挥森林作为水库、钱库、粮库、碳库的作用，合理利用山区丰富的森林、湿地、草地和野生动植物等资源，大力发展木本粮油产业，发展好竹子、中药材、花卉苗木等林业特色产业，扩大经济林、木材加工、生态旅游、林下经济等优势产业，拓展森林康养、自然教育等朝阳产业，打造优质、高产、高效、生态、安全的特色经济林品牌，不断提高发展特色经济林的综合效益；要加大对林业龙头企业、林下经济示范基地培育发展力度，推动林业产业规模化、集约化、专业化发展，协同推进农民增收、群众增富、乡村增绿。

近年来，广东各地积极推广"产业林长"模式、探索生态产品价值实现机制，打造绿色发展新常态；强化林业专业合作社、镇村林场等新型林业经营主体规范发展，积极推广"企业＋基地＋农户"产业化运作模式，推动林业产业往规模化、集约化、专业化发展；推动木本粮油、竹子、中药材、花卉苗木等林业特色产业优势，加大深加工和市场品牌建设力度等，在助力全面推进乡村振兴方面具有许多典型事例。如：梅州市以全面推进林长制为抓手，推动林业产业发展；江门市新会区探索陈皮产业新模式，发挥国家级品牌效应；广州市增城区创新推广"产业林长"，实现保护与发展共赢；茂名高州市发展油茶特色产业，助力基层林农增收；梅州市蕉岭县强化国有林场示范作用，探索林业生态产品价值实现；东莞市樟木头镇聚焦"四绿"，擦亮"森林小镇"品牌；河源市紫金县民间林长积极带头示范，加快"绿水青山"价值转化；肇庆市广宁县实施创新驱动发展战略，构建林下经济发展新格局；梅州市平远县健全林长制工作制度，推动林业发展迈入快车道；江门开平市践行"两山"理念，推深做实林长制等。为此，通过总结这些经验与做法，可示范带动广东林业产业高质量发展，协同推进农民增收、群众增富、乡村增绿。

以全面推进林长制为抓手，推动林业产业发展

梅州市林长办

梅州市位于广东省东北部，地处广东、福建、江西三省交界处，全市土地总面积1.58万平方公里，现有林地面积118.9万公顷，森林面积118.24万公顷，活立木总蓄积量6698万立方米，森林蓄积量6687万立方米，森林覆盖率为74.52%，居全省首位。全市共创建"全国绿化模范县"7个、省林业生态县7个、市级生态镇46个、生态村794个，以及省级森林小镇5个。近年来，在中央顶层设计和省委、省政府统一部署下，梅州市持续推进实施林长制，推动国土绿化、森林资源保护与发展、森林灾害防控、自然保护地体系建设、野生动植物保护等林业重点工作，趟出了一条绿色发展的新路子，生态文明建设取得了一定成效。

一、建立健全体系，构建全域覆盖"责任林"

（一）健全组织体系，实现全域覆盖

梅州市深入践行森林资源保护发展目标责任制，将责任区域网格化划分，全面落实"一长两员"，夯实责任区域到林长、落实管护面积到人、压实责任到山头。目前，全市已落实市、县、镇、村四级林长9821人，基层监管员3753人，每3000~5000亩落实一名护林员，共计配备护林员4259人，压实责任面积1784.15万亩，全市全域无缝覆盖，实现"山有人管、林有人护、责有人担"，确保一山一坡、一园一林都有专人专管，"一长两员"责任管护框架全面建成。

（二）严格执行制度，落实以制促责

一是高度重视。市党委政府高度重视林长制工作，把全面落实林长制列

入市政府重点工作，将林长制各项工作制度执行情况纳入森林资源发展和保护责任考核体系，以制度倒逼各级林长履职尽责。二是全面统筹。制定年度工作计划，部署年度工作任务，明确各级林长责任分工，压实森林资源保护与发展责任制。三是全面动员。印发年度巡林计划，由市级第一总林长带队、市级主要领导前往辖区（县）进行集中巡林，重点解决区域协调发展中遇到的重点难题，各级林长参照市级林长做法主动履职，前往责任区域进行巡林工作，全市开展年度巡林工作累计 87531 次。四是专题研讨。开展全市林长专题会议，通报阶段工作进度，深入研究解决推行林长制工作中存在的重点难点，全市召开专题培训班 53 次，受培 3179 人次，进一步提升各地林长办业务能力。五是强化督办。充分发挥督察督办制度，发出提醒函或督办函督促地方党委政府及有关单位引起重视，确保重点工作扎实推进。

村级林长联合开展古树名木外业调查

二、创新林长改革，打造先驱示范"防护林"

（一）创新探索示范引领

梅州在全省率先建立"林长＋检察长"的基础上，建立"林长＋警长"协作机制，进一步探索"林长＋法院院长"工作机制，通过部门协作"林长＋"联合执法，进一步提升案件办结效率，严厉打击涉林违法行为，实现"林长＋"为林长制实施运行保驾护航。

（二）深入改革落实保障

为进一步完善支撑保障体系，辖区内兴宁市、平远县、蕉岭县、大埔县、丰顺县、五华县已获当地编办批复设立林长制常设机构，落实公益一类事业编制总计 52 名，进一步夯实了林业工作基础，为全市林长制工作开展提供了持续、健康、长效的坚实保障。

（三）投入资金提升基础

全市累计投入 2000 多万元用于县级智慧林长综合管理平台建设，将林长制工作纳入信息化管理，实现市、县、镇、村"一长两员"全员上线、上通下达，目前各县（市、区）已全面建立并投入运行。同时，安排专项资金用于建设四级林长公示牌，总计竖立林长公示牌2038块，全市各级林长公示牌建设全面完成。

三、聚焦量质提升，打造增植扩绿"长青林"

（一）提质增效，扎实推进国土绿化

根据梅州市第八次党代会和市委八届二次全会关于开展"绿满梅州"大行动工作部署，在全省率先印发梅州市第1号总林长令《关于加强森林资源保护发展工作的令》，通过科学部署、广泛动员、示范带动等措施，扎实推进造林绿化、省级以上公益林核查优化和效益补偿资金发放、古树名木保护、全民义务植树活动、油茶新造与低改等重点工作稳步实施。

（二）立行整改，持续加强森林督查

大力推进森林督查工作，不断完善森林督查机制，通过"林长+警长"协作机制简化涉林案件移送程序，强化森林资源管理"一张图"的运用和信息化监管，做到批准一宗、使用一宗，违法一块、查处一块，通过市林长办向地方党委政府发送督办函、提醒函，督促案件整改落实，常态化做好森林资源监督管理，全年查处整改涉林违法案件总计558宗，整改率达98.41%。

（三）居安思危，严密防控森林灾害

针对特别防火期重点工作任务，印发第2号总林长令《关于加强秋冬季森林防火工作的令》，扎实推进森林火灾风险普查工作，进一步完善预防措施的落实，全面完成森林火灾普查工作，大力加强基础设施建设。2022年全市发现林火卫星热点48个，发生森林火灾12宗，与2021年同期相比：热点下降73.5%，森林火灾下降65.7%。全市森林防火形势总体平稳，没有发生重大森林火灾。

（四）生态优先，做好野生动植物保护

进一步强化责任意识，将加强野生动植物保护作为重要政治责任，一是通过部门协作联合执法开展"林长+警长"联合执法9次，重拳打击野生动植物非法贸易、滥食野味等违法犯罪行为，有效保护了穿山甲、小灵猫、蟒蛇、中华桫椤等一批国家保护野生动植物；二是结合"林长+检察长"

协作机制召开联席会议8次，强化部门间协作和保护执法监管，切实保护野生动植物资源安全；三是利用林长制工作简报、发放公益宣传品，持续做好陆生野生动物疫源疫病监测和政策宣传、舆论引导工作，坚决革除滥食野生动物陋习，弘扬野生动植物保护理念，形成野生动植物保护工作合力。

"林长＋警长"开展联合执法

（五）优化整合，稳步推进自然保护体系建设

为落实全面推行林长制森林资源保护发展目标责任制，积极统筹谋划自然保护地建设管理工作，推动自然保护地整合优化进程，系统性地保护了全市典型的自然生态系统、自然遗迹和自然景观，也整体上解决了自然保护地内存在的各类历史遗留问题；科学谋划自然保护地的顶层设计，科学编制印发了《梅州市自然保护地规划（2021—2035年）》；强化自然保护地精细化管理，指导各地开展矢量落图、勘界立标等工作，规范自然保护地调整报批和征占用林地审核；积极推动自然保护地管理体制改革，设立自然保护区林长，构建保护地管理责任体系，探索自然保护地群的管理模式，科学设置自然保护地管理机构。

广东大埔丰溪省级自然保护区

四、做大做强林下产业，打造富林惠民"经济林"

在各级林长的推动下，全市上下大力发展林业经济，利用梅州森林覆盖率高等有利林业产业发展条件，积极探索以林下种植、养殖、林产品深加工和森林景观利用的三产融合发展的林下经济发展模式，积极培育新型经营主体，主要采取以下措施：一是积极搭建林业产业公共服务平台。通过多方面沟通争取举办广东林业博览会并获省林业局批复同意，同时，梅州市还成功建立林业产业供应链服务平台。二是推进林产品质量安全监测，建成全省首个市级食用林产品质量安全快检实验室。三是实施油茶良种选育空间生物试验项目，推动油茶产业高质量发展。四是积极培育新型林业经营主体，创立各类示范基地。全市现有省级林业龙头企业数103家；省级以上林下经济示范基地36个、森林康养试点基地5个、广东省林业特色产业发展基地4个，数量居全省前列。

全面推行林长制，是继河长制、湖长制之后，在生态文明建设领域的又一大制度创新。梅州市通过改革创新，将林长制从"全面建立"向"全面见效"推进，充分发挥四级林长体系，让林长制贯穿林业发展整个过程，让"两山"理念在梅州大地落地生根，实现打造梅州"绿色银行"的目标。

蕉岭县"毛竹+灵芝"产业园

探索陈皮产业新模式，发挥国家级品牌效应

江门市新会区林长办

新会陈皮有近千年历史，作为广东"三宝"之首，有药食茶同源、食养俱佳的独特价值，素有"千年人参、百年陈皮"美誉，是国家地理标志保护产品、中国传统道地药材、广东省岭南中药材立法保护品种。新会柑、新会陈皮先后被列入"国家地理标志产品""国家原产地证明商标"等，新会荣获"中国陈皮之乡""中国道地药材产业之乡""中国陈皮研究中心"等殊荣，新会陈皮产业作为广东种植业唯一代表入选《全国乡村振兴典型案例汇编》，逐步成为南药现代农业产业经济的亮点和新增长点。

江门市深入贯彻习近平生态文明思想，在确保发挥森林资源生态主体功能前提下，积极开展经济林新产品、新技术研发活动，因地制宜发展林果、林茶等经济林产业，探索适合全市经济林产业发展模式。

一、主要做法

（一）高位推动，强化政策支持

2022年，江门市人民政府印发《关于支持加快六大特色优势农业产业高质量发展的若干政策措施》的通知，要求大力加快包括新会柑（陈皮）等特色优势产业高质高效发展，将陈皮产业发展纳入《江门市"1+5"农业优势特色产业集群发展三年行动方案（2021—2023年）》，制定了《江门市新会陈皮保护条例》《江门市加快新会陈皮农业产业高质量发展行动方案（2021—2023年）》等，擦亮新会陈皮"金字招牌"，以新会陈皮国家现代农业产业园建设为抓手，打造了"大基地＋大加工＋大科技＋大融合＋大服务"五位一体的新会陈皮产业发展格局。

新会陈皮国家现代农业产业园　　　　新会陈皮种质资源保护良种苗木繁育中心基地

（二）产学研结合，促产业提质

江门市新会区与中山大学、中国药科大学、华南理工大学、广东省农业科学研究院等 30 多家科研院所合作，与 12 家省级以上科研教育单位设立合作平台，已建成 1 个院士工作站和 1 个博士后工作站，成立 8 个与陈皮相关的研究院及一批企业技术研发中心，共同开展新会柑种质资源保护与良种苗木繁育研究、新会陈皮（柑茶）自动化设备开发等 60 多项研究，相关科研合作项目累计获得 30 多项专利，发表论文 100 多篇。政府整合各级财政科研项目资金与企业投入科研经费超亿元，实现新会陈皮全产业链增值提质。将新会区林业科学研究所打造成为新会柑良种苗木繁育中心基地，以新会区林业科学研究所新会陈皮种质资源保护与良种苗木繁育中心为核心，扩大新会柑种质资源的筛选与收集工作，丰富新会柑的基因谱。实施新会柑苗推广备案制，建立新会柑原种族谱体系。

（三）狠抓质量，提升品牌竞争力

建立县、镇、村三级农林产品质量安全检测检验体系，建造新会陈皮质量监督检验中心，引导有种植新会柑的行政村设立农产品质量检测室，鼓励企业自主建设检测室，提升生产监测能力，助力保障产品优质安全，近 3 年新会陈皮、新会柑抽检合格率达 100%。建设广东省新会柑标准化示范区和国家柑橘栽培综合标准化示范区，鼓励企业争创驰名、知名商标或名牌农产品，积极扶持和打造企业品牌，培育各级龙头企业，推动企业申报省名牌产品、绿色食品认证、有机认证、GAP（良好农业规范）认证等。推动企业走出去，对外展示产业发展成果，江门市先后报名组织陈皮茶叶骨干企业参加第四届中国国际茶叶博览会、2021 年广东茗茶品鉴及 2022 广州国际森林食品交易博览会等活动，喜双逢（柑茶）等骨干企业产品被评为广东十大名茶，10家茶叶企业获评第三批广东省生态茶园认定。

（四）深挖价值，延伸产业链条

大力发展仓储，以企业为主体，建立若干标准化仓储中心，大力推进建设国家级陈皮交易市场流通中心。大力发展深加工，鼓励企业开发陈皮护肤、保健、日化产品；开展新会陈皮药用领域研究和成果转化，拓展新会陈皮的药用价值，推进"陈皮+医药"产业做大做强；加强新会柑果肉开发利用招商，解决弃置果肉带来的环境污染问题。大力发展新产业、新业态，结合农村人居环境整治提升、乡村振兴，开发相关文旅、观赏、体验产业。

（五）全程溯源，打造放心陈皮

坚持政府牵头，加强部门协作，用好企业力量，在建设新会陈皮智慧农业大数据平台的基础上，整合各企业现有溯源数据资源，政府负责统筹溯源体系、平台搭建，企业根据自有品牌、产品完善相应指标数据，建立健全由"三定、三档、双检、一审、一码"组成的新会陈皮全产业链追溯管理体系，实现溯源产品涵盖新会柑鲜果和新会陈皮。

二、工作成效

（一）带动柑农增收致富

2021年，新会区新会柑种植面积10万亩，产出新会柑皮约7000吨，新会陈皮产业企业超过1700家，带动就业超6.5万人，形成药、食、茶、健、文旅、金融等6大类35细类100余品种的系列产品规模，实现了由单一产业向一、二、三产业融合发展，新会陈皮全产业链总产值达145亿元，占同期农林牧渔业总产值26.74%，柑农人均年收入达5万元。

（二）带动全产业链发展

新会柑皮、肉、渣、汁、核逐步得到开发利用，精深加工链条不断拓展。在培育"名牌"企业方面，新会区已有陈皮村、新宝堂、丽宫食品、丽宫农业等4家省级农业龙头企业和陈皮人家、泓达堂、葵禾、广盈等4家市级农业龙头企业。目前，共有46个陈皮系列产品获认定广东省名牌产品，商标品牌有效注册量1959件，新会陈皮产业蝉联"中国品牌·区域农业产业品牌影响力指数"中药材品类榜首。在文旅融合方面,"陈皮＋"概念大受热捧。"陈皮＋金融",新会区联合江门农商银行、农业银行等推出特色金融产品,打通了新会柑种植及新会陈皮加工的融资渠道。"陈皮＋数字营销",新会区紧跟直播带货发展潮流,推动"新会陈皮＋直播＋电商"数字化发展,打造"直播卖陈皮""云赏柑花""云品柑茶"等数字化营销案例,扶持打造"葵客"等电商品牌,助力新会陈皮产业拓销路、打品牌、增效益。新会已建成新会陈皮文化与产业博览中心,打造了陈皮古道、新会陈皮村、陈皮小镇等文旅综合体,成功举办5届中国·新会陈皮文化节以及新会柑农节、陈皮美食旅游节等大型陈皮主题节庆活动,"陈皮宴"、陈皮预制菜等加速推陈出新。2021年,新会陈皮炮制技艺入选国家级非物质文化遗产代表性项目。

(三)带动重大项目落地

2022年江门市新会区陈皮产业规划建设项目13个,计划投资总额35.99亿元。其中,新宝堂公司的新会陈皮中药饮片项目已建成投产,完成投资金额5000万元;丽宫农业公司陈皮产品萃取加工和仓储项目已完成发改立项,预计2022年可建成投产;汇藏陈皮公司新会柑种植园、加工基地、新会陈皮仓储基地建设项目完成投资资金10000万元;陈皮产业小镇陈皮加工中心、标准陈皮仓储＋交易平台、文广体旅综合体及配套建设项目,完成投资资金15000万元,其中陈皮加工中心、标准陈皮仓储项目已建成投产;双水鸿丰柑橘专业合作社沙路村、邦龙村1000亩新会柑橘种植基地完成投资资金800万元。

三、经验启示

(一)高位推动

江门市坚持贯彻落实习近平生态文明思想,全面落实省委、省政府林长制工作部署,大力推进林长制建设,以促进林业高质量发展为目标,深化林业改革,着力培育新会柑产业。

(二)科技赋能

充分利用高校和科研院所各类科技创新资源,强化以新会柑为主题的科技研究，抓好科技、科研，抢占产业创新高地，打造新会柑良种苗木繁育中心基地。

（三）质量优先

江门市建立了三级农林产品质量安全监测检验体系，建造质量监督检验中心，设立农产品质量检测室，构建新会陈皮产业全链条溯源体系，为新会陈皮系列产品打造独一无二的"身份证"，为生产流通全过程打造"安全屏障"，同时抓好监督执法，对假冒伪劣产品重拳出击，切实保障产品质量及消费者权益。

（四）擦亮品牌

鼓励企业争创驰名、知名商标或名牌农产品，推动企业申报省名牌产品和各项认证，着力打造企业竞争力，形成品牌效应。

创新推广"产业林长",实现保护与发展共赢

广州市增城区林长办

近年来,增城区在上级林业主管部门的正确领导下,认真践行习近平生态文明思想和绿水青山就是金山银山的发展理念,优化林业产业结构,大力发展林下经济、森林旅游、森林康养、森林体验等特色产业,林业产业发展取得了一定的成效。但同时,也面临着生态保护和经济发展如何平衡的问题。为此,增城区首创产业林长改革举措,旨在把产业经营者纳入林长制体系,明确其保护森林资源的责任,以严格保护管理森林资源、维护生态系统稳定为基础,不断强化森林资源的生态、经济、社会功能,推进生态产业化和产业生态化,不断满足人民群众对优美生态环境、优良生态产品、优质生态服务的需求,着力破解生态保护与经济发展的平衡难题,走出符合自身发展特点的林业治理新路子,在坚守生态红线之下迸发森林生态资源经济效益,呈现生态文明与经济社会协调发展良好态势。

一、主要做法

(一)创新主体履责,走出生态保护新路子

建立健全以林业经营主体履责制为基础,产业林长为行政林长作有力补充、行政林长为产业林长作协调保障,合力治林的长效机制。按照"谁经营、谁管理、谁负责"的原则,让经营林地面积超过500亩的承包户担任产业林长,为"一长两员"森林资源网格化管理体系注入新鲜动力,形成行政林长与产业林长相互协调配合、保护发展森林资源的创新格局。

(二)倡导规范先行,强化制度保障新引擎

出台《关于全面推行产业林长机制的工作方案》,明确产业林长的主要

职责。在严格遵守森林资源保护管理制度和森林采伐限额下，开展林业生产经营，严控承包林地用途，严守生态保护红线。鼓励产业林长配合开展林地更新改造、森林质量精准提升工程，提高林地利用价值和使用效率，强化森林资源涵养水源、生态屏障、绿色经济等重要功能，着力发展绿色惠民产业。

产业林长公示牌

（三）坚持保护优先，打造绿色发展新常态

聚焦森林资源保护与发展平衡，列出保护"红线"与发展"清单"，倡导"林业＋"模式，打造林上、林中、林下、林缘立体发展模式。2021年以来，产业林长牵头示范带动林下种植凉粉草、粉葛等作物达600亩，探索"荔枝＋石斛"新模式，完成10亩种植示范推广工作；产业林长承包的林地实现了全年森林火灾的零发生，非法狩猎、违法侵占林地等涉林案件的大量减少。

（四）推行分级管理，提出分类扶持新措施

根据产业林地面积、生产经营类别、发展方向等划定保护与发展等级，将产业林地分为三级。同时，立足于林业资源优势、特点、技术水平和发展实际，将产业林长分为荔枝、砂糖橘、油茶、南药、木材加工、生态旅游、森林康养等10类。做好用地保障和财政扶持方面的服务，通过分类指导和差异化管理服务，精准扶持林业产业。

二、工作成效

（一）森林资源保护管理不断强化

自推行产业林长工作以来，各产业林长对其承租林地范围的森林生态资源起到极大的管护作用，特别是在森林防火、野生动植物保护、有害生物防治、制止违法侵占林地等方面得到有效加强。实现了 2021 年至今森林火灾受害率为零，非法狩猎、违法侵占林地等行为明显减少，涉林案件同比大幅下降。通过构建行政林长与产业林长相互协调配合、保护发展森林资源的长效机制，为全区森林资源保护管理作出有效贡献。

（二）绿色富民林业产业蓬勃发展

通过产业林长示范推动生态产业化和产业生态化，打造林业产业发展新引擎。截至 2022 年第三季度，全区林业草原产业总产值 51.78 亿元，其中第一产业 2.11 亿元，第二产业 48.71 亿元，第三产业 0.96 万元。林产品、林产品加工、森林康养及高端民宿等产业融合发展活力迸发，林业产业结构不断优化。截至 2022 年年底，全区共建成省级林业龙头企业 3 家、省级森林康养基地 3 家、省级林下经济示范基地 2 家，省级自然教育基地 1 家。林业生态产品供给能力和服务水平不断提升，展现了产业林长机制在推动林业保护发展上的极大潜力。

生态保护与经济发展共赢

(三)各类社会效益不断提升

产业林长机制涉及林地总面积约 11.63 万亩,占全区林地面积的 10.1%,有效带动星级酒店、旅游景区及高端民宿等产业,为当地创造了大量就业岗位。让绿水青山真正成为普通民众增收致富的金山银山,实现创业就业环境优化,青年人才回乡创业吸收力倍增,有力响应国家乡村振兴战略。同时,以产业林长为龙头的生态旅游服务不断提升,良好的生态环境成为最普惠的公共产品,成为全民共享的宝贵财富,民生福祉大幅提高。

三、经验启示

生态保护和经济发展是可以取得共赢的。增城区推出的产业林长机制,旨在着力破解生态保护与经济发展的平衡难题。产业林长成为森林资源保护的责任主体,使资源保护管理得到了不断的强化。同时,通过发挥产业林长的示范带动作用,推动增城生态优势更好地转化为发展优势,打通绿水青山转化为金山银山的路径,推动实现生态惠民、生态利民、生态为民,切实提升人民群众的绿色获得感、幸福感和安全感。

发展油茶特色产业，助力基层林农增收

茂名高州市林长办

高州市国土面积3276平方公里，林地面积280万亩，森林覆盖率63.66%，生态公益林116.8万亩，其中库区87.8万亩，占75.2%。油茶产业是高州市传统产业，具有悠久的经营历史和较好的生产基础。近年来，高州市委、市政府牢固树立绿水青山就是金山银山的绿色发展理念，围绕"产城融合宜居宜业，美丽幸福魅力高州"目标，确立"生态立市、绿色发展"的战略思路，把生态文明建设作为改善民生福祉的重要途径，将油茶产业发展列为林业生态建设和推进乡村振兴的一项重要战略举措，谋求发展油茶产业和生态建设有机结合，着力生态建设和促进农民增收。

一、主要做法

（一）明确油茶发展的目标任务

将油茶发展的目标、任务纳入高州市乡村振兴和推行林长制的重要内容。明确油茶发展的目标、任务，并细化到各镇（街道），同时将发展油茶的目标、任务纳入对各镇（街道）的年度考核，确保发展油茶的目标、任务能顺利完成。

（二）积极培育优质苗木，建设良种繁育基地

近年来，在上级林业主管部门的大力支持下，高州市林业科学研究所积极开展本地油茶选育培优的科研工作，开发高产优质油茶品种，初步形成高州本地优质油茶品种体系，同时引进外地名优油茶品种进行培育，目前油茶育苗面积达30多亩，年产苗木50多万株。结合高州实际，加强油茶优新品种的引进、选育和开展本地优良单株选育相结合的良种基础工作，加大油茶

芽苗嫁接、容器育苗等先进技术推广力度，确保优质高效油茶成品苗的定点生产与供应。

高州市油茶产业发展基地

（三）推广优良油茶品种混种，强化源头技术管理

近年，该市致力推广本土优良品种高州'白花大果'油茶与'岑软2、3号'品种混种，通过异花异株虫媒授粉，提高开花成果率。目前，全市高产优质油茶混种面积5万多亩。广泛开展对基层林农和种植大户的技术技能培训，普遍推广油茶良种壮苗扩繁、科学管理及采收、加工和副产品利用等方面先进实用技术和标准化生产，强化油茶产品质量的源头管理，加强油茶产品生产环境和质量检验检测。

（四）积极扶持低效林改造，推行多式联营机制

一是对长期失管的油茶林进行大树嫁接换冠、除杂、修枝和施肥改造。二是开展现场教学，对林农进行培训，积极争取财政资金扶持，通过高产高效基地示范作用，增强林农发展油茶、精心管护油茶树的积极性和主动性。2022年，完成油茶新造备耕0.26万亩，完成新造0.2万亩，完成油茶低改2.1万亩。积极发展订单油茶业，促使油茶籽等资源向加工龙头企业聚集，发展油茶专业合作组织，实行集约化经营，提高贫困户的参与度，增加资产收入、劳务收入，切实提升油茶对精准脱贫的贡献率。同时，通过政策扶持，培育林业龙头企业，扶持油茶企业发展，鼓励企业完善油茶深加工产业链。在具备申报条件的企业中，大力推荐油茶企业申报省级龙头企业，打响本地企业品牌。

（五）发展油茶深加工产业，打造高州茶油品牌

在油茶加工及产品销售方面，通过政府贴息等方式培养广东瑞恒农林科技发展有限公司等有实力的企业从事油茶产品深加工，以现代工艺解决目前传统作坊式榨油存在的茶油品质低、杂质含量高、油脂残留率高、茶粕利用率低、销路不畅、品牌效应不强等缺点，提高茶油的精炼技术及茶油附加价值，充分利用茶枯饼、茶壳等创造出油茶衍生产品，打造高州茶油品牌，延长产业链，增加林农的收入。同时，鼓励和支持有条件的企业开发油茶精深加工项目。鼓励企业从油料储存、油脂加工、茶油精炼到副产品加工等方面引进新技术、新理念，对油茶壳、茶粕深加工，降低油脂残留率，提高茶粕综合利用率，增加副产品种类，延伸油茶产业链条，扩大油茶产业规模。从发展精制食用茶油，医药保健用茶油、美容化妆品用茶油及茶皂素提取深度开发等方面，全面提高茶油产品的附加值和综合效益。

二、工作成效

（一）产业优势突出

高州市有种植油茶的传统，油茶是山区农户经济收入的主要来源之一，全市现有油茶面积约 19 万亩，现有从事油茶产业的国家龙头企业 1 家，油茶生产合作社 21 个，季节性油茶加工作坊遍及山区乡村。据统计资料，2021 年高州市油茶产果量 3.8 万吨，产油 955 吨，产值为 19970 万元。目前，全市比较成熟且有一定规模的油茶生产实体 2 家，分别是广东瑞恒农林科技发展有限公司和高州市林源种养专业合作社。

（二）带动效应明显

企业（或合作社）通过承包、租赁或以"公司＋农户"的形式整合油茶资源进行统一经营，获得较好的带头效果。目前通过承包、租赁或以"公

司+农户"的形式经营的农户有5000多户，经营面积5万多亩，每年每户可增加收入1000多元。广东瑞恒农林科技发展有限公司于2013年被评为广东省林业龙头企业，2016年获评为国家林业龙头企业。公司自有油茶3000亩，以"公司+基地+农户"的合作联营模式建设油茶林8000亩，预计每年可带动周边农户共增加收入近600万元，每年可为农民提供1600个就业岗位。

高州市油茶专业合作社果农对采收油茶果进行集中分拣

（三）新型林业经营主体不断发展壮大

广东瑞恒农林科技发展有限公司以油茶为核心，多元发展。引进利用低温压榨专利技术，建成集榨油精炼、冬化、包装等全套设备油茶加工厂，拥有厂房1500多平方米。同时，高州市还涌现出了高州市石生源生物科技有限公司、农泉生态农业发展有限公司、立得种植专业合作社、大坡镇吴国华油茶种植专业合作社、茂信种养专业合作社和长纯油茶专业合作社等一批以油茶为主业的新型林业经营主体，将为高州的油茶产业发展起到骨干作用。

三、经验启示

（一）林长积极推动建设油茶良种繁育基地

结合高州实际，发挥林长统筹协调优势，加强油茶优新品种的引进、选育和开展本地优良单株选育相结合的良种基础工作，加大油茶芽苗嫁接、容器育苗等先进技术推广力度，确保优质高效油茶成品苗的定点生产与供应。

林长巡视油茶良种繁育基地

（二）培育龙头企业，打造高州油茶名片

鼓励和全力支持有条件的企业开发精深加工项目。鼓励企业引进新技术、新理念，对油茶壳、茶粕深加工，降低油脂残留率，提高茶粕综合利用率，增加副产品种类，延伸产业链条，扩大产业规模，全面提高茶油产品的附加值和综合效益。

（三）建立本土科研队伍，创新推广方式

广泛开展对基层林农和种植大户的技术技能培训，普遍推广先进实用技术和标准化生产，强化油茶产品质量的源头管理，加强油茶产品生产环境和质量检测。将油茶列入森林高质量水源林（水土保持林）建设造林的备选树种，以提高群众种植油茶的积极性，同时将中幼林油茶林纳入省级森林抚育的范围，确保油茶种植的成效。

强化国有林场示范作用，
探索林业生态产品价值实现

梅州市蕉岭县林长办

蕉岭县现有林业用地面积 113 万亩，省级生态公益林面积 56.92 万亩，森林覆盖率达 79.03%，位居全省前列、梅州市第一，活立木蓄积量 673.22 万立方米，拥有 1 个省级自然保护区、两个国有林场（蕉岭县国有皇佑笔林场、蕉岭县国有长潭库区林场）。近年来，蕉岭县始终坚持以习近平生态文明思想为指导，把深化国有林场改革和深化集体林权制度改革统筹结合起来，充分发挥国有林场龙头示范作用，有序、规范地流转周边村集体林地，积极探索开展集体林地所有权、承包权、经营权"三权分置"，大力发展林下经济等富民产业，探索林业生态产品价值实现途径，带动全县林农蓬勃发展林业产业和增收致富，助力乡村振兴发展。

蕉岭县连片万亩竹海

一、规范林权流转，激发改革活力

　　蕉岭县委、县政府始终坚持全面深化集体林权制度改革和国有林场改革，引导林地经营权有序流转，进一步激发群众造林的积极性，激活林业经济发展机制，把林业资源优势转化为经济优势。近年来，蕉岭县以全国农村土地承包经营权确权登记颁证试点工作为契机，建立县、镇、村三级产权交易平台，挂牌成立广东首个县级农村产权交易中心。对林权流转原则、范围、管理、登记等进行了规范。强化各级政府和林业主管部门监督职能，严格执行国有和集体林权进场交易制度，禁止场外交易，规范林地林木流转行为，促进了林权公平、公正交易。近年来，全县国有林场从周边村流转林地10多万亩，涉及农户2000多户。流转后，由林场统一经营和管理，并全部纳入省级生态公益林，补助资金全部返拨回相关农户，每年返拨资金达200多万元，让周边群众真正得到"管山、护林"的实惠。国有长潭库区林场通过群众转让林权完善龙飞畲名木古树园、盘龙桫椤珍稀园和羊尾坑百竹园科普路径等建设工作，竖立一批景区森林防火和旅游宣传牌，切实保护林场生物多样性、维持生态系统稳定，引导群众和社会教育机构、学校、科研机构走进自然、体验自然。皇佑笔林场开展竹林流转，帮助企业收储分散竹林，进行集中管理、统一经营。

二、着眼生态产品价值提升，发展特色产业

　　近年来，全县立足毛竹资源丰富的优势，采取"政府＋科技＋企业"方式，开展毛竹林下种植食用菌、南药科研试验，轨道运输示范及企业产品展示等，努力打造毛竹一、二、三产业深度融合，乡村振兴，生态产业化、产业生态化的示范基地。一是"竹＋菇"科研试验示范。与企业合作共同引进中国林业科学研究院亚热带林业研究所开展毛竹林下种植竹荪、大球盖菇、黑鸡枞等食用菌，探索出最适合蕉岭发展的"竹＋菌"技术模式，为广大竹农提供技术示范和模式参考。二是开展"竹＋药"科研试验示范。引进梅州市农林科学院林业研究所开展竹林下种植五指毛桃、白及、黑老虎、鸡血藤等南药，探索出最适合蕉岭发展的"竹＋药"技术模式，为广大竹农提供技

术示范和模式参考。三是轨道运输示范。按照地形走势和生产实际的要求，修建竹林运输轨道。通过运输轨道全面解决了交通不便导致的竹林的肥料、苗木和竹材等运输难题，为广大农户种竹、管竹提供全新的、高效的生产方式示范。

"竹+菇"科研试验示范：种植灵芝

全县坚持因地制宜、因区施策、因势利导，指导国有林场持续稳定落实林地产权，走集约化、专业化、规模化之路，提高林地产出率，以适应现代林业发展要求。大力发展以毛竹产业和以茶叶、蜂蜜为主的林下种植、林下养殖，相关林产品采集加工等为主要内容的林业经济。为进一步加深国有林场改革成效，通过邀请专家对林场的土壤、植被等要素进行调研、分析，筛选出多个适宜种植、养殖条件的地段，鼓励林场职工在专家的指导下开展林下种植、养殖等工作，建立示范点。再通过宣传、组织培训、实地考察等方式，切实提升林农的林下种植、养殖水平，带动周边群众进行林下经济发展，达到富民增收的目的。目前，已建立有利于保护和发展森林资源、有利于改善生态和民生、有利于增强林业发展活力的国有林场新体制，林场职工由"靠林吃林，靠山吃山"注重经济效益思想转变为"保护资源，绿色为先"关注生态效益的思想。

三、培育新型林业经营主体，以点带面推进产业发展

两个国有林场先后合作的各类协会、专业合作社共有 20 个。其中，蕉

岭县养蜂协会被中国科学技术协会、财政部评为"科普惠农兴村先进单位"，蕉岭县桂岭蜂蜜专业合作社被广东省农业厅评为"省级农民专业合作经济组织示范单位"。另外，与两个国有林场合作的林业龙头企业3家、国家级林下经济示范基地1个、省级林下经济示范基地1个。

  蕉岭的林业协会、林业专业合作社及林业龙头企业，采取"公司＋协会（合作社）＋基地＋农户"的运营模式，引导林农开展标准化生产和产业化经营，提高林业生产经营的组织化程度，适应本土特色生态产业发展的需要，助推乡村振兴发展和林下经济发展，涉林产品有蕉岭冬笋、蕉岭绿茶、桂岭蜂蜜，都被原国家质检总局授予国家地理保护标志产品，为全县林业经济作出了较好的示范。广东桂岭蜂业科技股份公司（国家级示范基地），依靠该县是国家级中华蜜蜂（华南型）保护区这一优势，利用两个国有林场丰富的森林资源，经营林下蜜蜂养殖、蜂种繁育和各类蜂产品开发等业务，是广东省出口食品、名牌产品生产企业，先后注册有"桂岭""珍禾堂"两个品牌商标。广东客嘉源南药种植有限公司，利用国有林场毛竹林开展白及示范种植，该公司是省内首家对濒危珍稀药材白及进行研究的专业公司，于2020年被评定为"广东省林业龙头企业"。其林下药材种植、林下药材销售、生物技术研究及农业技术开发服务等，在省内同行业中处于领先水平。

四、积极探索森林旅游产业，大力发展森林康养优势

  该县国有林场围绕创建全域旅游示范区，擦亮全国森林康养基地试点建设县这一"国字号"金名片，大力发展森林旅游产业，加快林旅康养融合发展，充分利用区内自然、景观资源优势引导林场群众发展种养、水上游船等多种经营项目，以及"生态乐""农家乐"等具有自然特色的服务行业，大力发展生态旅游经济。现有农家乐17家、特色餐饮14家、酒店度假村2家，2022年上半年，接待游客约为6万人次，为周边群众增加旅游业收入数百万元以上，促进了林场周边地区的协调和可持续发展。同时，积极协调周边县、镇、村的关系，加强联防联治，及时妥善处理各种矛盾纠纷，确保各项工作顺利开展。

聚焦"四绿",擦亮"森林小镇"品牌

东莞市樟木头镇林长办

樟木头镇位于东莞市的东南部,国土总面积为11800.46公顷,森林总面积为8850.35公顷(包含樟木头国营林场),森林覆盖率为75%;林地面积8372.29公顷(包含樟木头国营林场),其中生态公益林面积4406.85公顷,商品林面积3965.44公顷。全镇有宝山、九洞、观音山3个省级以上森林公园;国家三级古树名木33棵,野生动物资源丰富。广东九洞森林公园内约10公里的环湖绿道,为人民群众提供更好的远足自然、生态教育、科研考察等生态服务。良好的生态环境为樟木头镇打造"湾区生态名镇、活力品质樟城"提供了坚强的保障。

樟木头镇认真按照市委、市政府的决策部署,以全面推进林长制为契机,坚持生态优先,勇于实践创新,聚焦绿色发展,推进体制机制创新完善,促进森林资源发展和保护,科学谋划、统筹推进,切实推动林长制工作往深处走、往实里做。

一、聚焦"管绿",筑牢生态屏障

(一)健全工作体系

樟木头镇党委把实施林长制当作生态文明建设的重要抓手,以林长制促"林长治"。樟木头镇构建了镇、村二级林长组织体系,共设立林长34名,其中镇级林长16名、村级林长18名,实现林长全覆盖;设立镇级林长责任区域13个,村级林长责任区域9个。

(二)创新管护模式

创新建立以村级林长、警长、基层监管员、护林员为主体的"一长一警两员"管护模式,全镇共设有专职护林员20人、监管员13人、警长9人;

并设立镇村两级林长公示牌，制定出台了林长会议、督查和考核等 7 项配套制度，形成责任明确、监管有力的森林资源保护和发展网格。

（三）优化运行机构

为切实保护森林资源，组建林长办，设立了林长制办公室，从镇农业技术推广服务中心等部门抽调精干力量充实林长办人员力量，规范、优化林长办运行机制；成立了樟木头镇违法用地违法建设联合执法工作小组，明确工作方案和责任清单，压实部门职责，协同林长办严厉打击涉林违法行为。

樟木头镇设立林长制办公室

二、聚焦"护绿"，严守生态红线

（一）推行智慧化管理

全面应用东莞市智慧林长综合管理平台，镇第一林长、镇林长主动担当作为，带头开展"巡林"活动，形成"头雁效应"，全镇各级林长积极履行林长职责，协调解决区域内森林资源保护发展的问题，及时发现排除风险隐患；护林员配备北斗巡护终端，对护林员巡护实时动态监测，筑牢樟城生态安全屏障。

（二）保障森林防火安全

始终把森林安全摆在首要位置，全面落实森林防火责任制和联防联控工作、网格化管理等机制，实现了山头地块管理全覆盖，坚决将火源堵在山下、防在林外。开展森林防火宣传教育，联合多个部门通过横幅、海报、LED 屏、广播、微信公众号、摆摊设点和派发宣传单张等形式组织宣传活动，提高群众的森林防火意识。重大节假日前，镇各级林长层层压实职责，组织森林防火检查，消除安全隐患，2022 年重大节日期间实现林区零火情。

（三）强化森林病虫害防治

保障林业生态环境建设，推动林业高质量发展，按照东莞市林业局下达文件要求，积极做好义务植树、水源涵养林、防火林带抚育、薇甘菊防治防控、松材线虫病防治等工作。通过聘请专业的第三方机构对全镇林木病虫害进行全面调查监测，2022年樟木头镇完成了薇甘菊防治1000亩、防控500亩、松材线虫病防治8790.75亩。

（四）加强森林资源监督管理

严把限额采伐关，坚持伐前设计、伐中监督、伐后验收的工作制度，严格控制森林资源消耗数；严把林地使用关，加强宣传征占用林地的申办程序，提高群众依法征占用林地的意识；严把督查图斑关，对疑似图斑和问题线索实行"一张表"动态管理，会同相关部门、社区严厉打击涉林违法行为。对名木古树进行挂牌，并采取砌筑树池、设支撑架、喷药防虫等保护措施，促进生长。同时加强对野生动植物的保护，引导群众不乱捕滥猎，保护动物生存环境，切实保护好森林资源。

三、聚焦"增绿"，擦亮生态底色

一是在"造"上下功夫。通过改造、套种等措施，新种植苗木800多亩，高质量水源涵养林改造1500亩，建设具有多种组合的森林生态系统，提升森林生态功能等级。

二是在"退"上下功夫。通过退果还林，把簕竹排村白芒约63亩生态效能和景观较差的果树林改造成为生态景观林，既有涵养水源也有美化景观效果。

三是在"改"上下功夫。在九洞公园、石马河边、驻樟部队等地种植彩色林带1200多棵，形成了多树种、多层次、多色彩、多功能的森林景观效果。

四是在"封"上下功夫。在封山育林的山头设置防护网和封山告示牌，落实林长、护林员定时、定点、定范围巡山护林，提升森林质量和生态功能。

四、聚焦"用绿"，推动生态发展

（一）打造惠民高质量碧道

樟木头镇积极探索林业保护与产业发展相互融合的路子，加快释放林长制的"生态红利"。以省、市推进碧道建设为契机，在九洞森林公园内规划建设自然生态型簕竹排水库碧道，在现有的基础设施上，进一步完善护栏、监控、廊架、休息椅、垃圾桶、生态厕所等安全便民设施，提升入口、沿途重点部位等节点景观，植入碧道生态、保护自然、康体运动等文化，同时采用生态科技保护水资源、修复水生态，实现水清岸绿、鱼翔湖底、水草丰美、长治久清的效果，为人民群众提供远足自然、生态教育、科研考察的公共开敞空间，对樟木头镇乃至东莞市碧道的打造起到了良好的示范作用。

（二）打造特色荔枝品牌

樟木头镇因地制宜，深挖千亩荔枝果园的产业优势，打造了特色荔枝品牌"观音绿"，通过"荔枝+"的形式，开展多渠道多方位宣传工作，提升品牌知名度，大力支持果农参与农产品展销会、组织龙头企业参加广东首届经济林节丰收节展览会、举办荔枝文化旅游节，引入顺丰快递驻点、统一印制改良外包装以解决果农运输包装之忧，扩大品牌影响力，提高"观音绿"荔枝品牌含金量，年销售额超过1000万元。

九洞森林公园自然生态型簕竹排水库碧道

樟木头镇特色荔枝品牌"观音绿"

五、成效突显，"森林小镇"品牌越擦越亮

樟木头镇围绕全面推行林长制的重点工作任务，紧扣协调推进"管绿、护绿、增绿、用绿"，积极推进林业治理体系和治理能力现代化，彰显"广东省森林小镇"品牌特色。

金河社区成功申报获批"广东省森林乡村"称号，2022年2月印发的《中共东莞市委、东莞市人民政府关于全市2021年度工作情况的通报》中，获得市"单打冠军"的称号，受到市委、市政府全市表扬。

2022年东莞市林业局印发的《关于表扬2021年林业重点工作表现突出单位的通报》中，樟木头镇荣获"森林资源管理""生态公益林保护管理""自然公园建设管理"三个突出贡献奖。

高质量完成了民生工程籣竹排水库碧道建设。2022年5月27日，市水务局、河长办组织多个镇街到樟木头镇籣竹排水库碧道参观调研，并召开高质量建设万里碧道研讨会，组织单位高度认可籣竹排水库碧道建设过程和成效，并认为其对同类型的工程建设有很好的借鉴意义。

2022年，在省林长办对东莞市开展全面推行林长制实施情况评估时，樟木头镇代表市迎接现场评估，林长制工作得到省市领导的充分肯定，并在东莞市2021年全面推行林长制实施情况评估中获得优秀等次。

民间林长积极带头示范，加快"绿水青山"价值转化

河源市紫金县林长办

鹰峰山坐落在广东省河源市紫金县龙窝镇黄洞村，参天古树林立，野生动植物繁多，是天然的森林宝库。在20世纪七八十年代，社会民众生态保护意识普遍薄弱，黄洞村村民为了生计，砍伐林木者数不胜数。当时的黄洞村森林资源较丰富，村里70%的山林都属村集体所有，只要获得砍伐证，便可对自己权属范围内树木进行砍伐，用以增加相关收入。

自2021年8月推行林长制以来，紫金县建立县、镇、村三级林长体系，构建以村级林长、基层监管员、护林员为主体的"一长两员"森林资源源头管护体制，保护责任落到山头地块。

鹰峰山

一、主要做法与成效

（一）收购砍伐证，做黄洞森林"守护者"

实行林长制之前，村民李元蕃就已意识到，良好的生态环境关系着黄洞

村乃至整个龙窝镇的可持续发展，森林无节制砍伐现状必须得到遏制。为此，李元蕃把所有积蓄用于收购村民的砍伐证，制止乱砍滥伐行为。

李元蕃无间断收购砍伐证，并不停地向村民做思想工作，村民和外出乡贤逐渐开始认识到森林的重要性，开始自发组织保林护林工作，代代延续传承护林保林的工作。收购采伐证，制止超量、超范围乱砍滥伐树木，保护森林资源，是紫金县林业保护工作的先河之举，对健全森林法制、加强林业管理有着创新示范的作用。

（二）经营有机茶园，做乡村振兴"助力者"

李元蕃出资 20 多万用于保护黄洞村生态环境，还不包括捐资修建黄洞村公路、资助贫困家庭学生读书等，历时几十余载，使得鹰峰山的森林资源得到极好的保护。绿水青山要想长长久久，不能光靠林长的一腔热血，还要有长效机制。在广泛调研论证的基础上，李元蕃的家人创办黄洞村鹰峰山有机茶园，进行规范化经营，为当地村民提供就业岗位，在摘茶旺季和旅游旺季时，可解决黄洞村在乡 100 户左右村民的就业问题。有机茶园的建立使得在保护黄洞村生态环境的同时还能促进村民增收。

（三）落实管护责任，做平安森林"宣传员"

2021 年推行林长制后，李元蕃的儿子李爱民成为民间林长。作为鹰峰山护林责任人，每年进入防火期，李爱民便组织村民进行防火宣传，大力宣传森林防火知识；每年从 10 月开始到次年森林特别防护期结束，他亲自带领人员不间断巡护；从八九月开始，清理可燃物，做到防患于未然；在春节、清明等重大节假日期间，安排人员重点巡防，布置值班任务，发动村民书写护林防火宣传标语，制作永久性宣传牌，做到逢人就讲，见人必说。

（四）绿水青山，逐步转化为金山银山

自 20 世纪 90 年代起，黄洞村里大部分森林都被列为自然保护区和公益生态水源林，村民开始享受财政补贴。从那时开始，大家更加明白并不是只有砍树才会有经济价值，用心守护好绿水青山，才会有金山银山。

通过黄洞村村民一代又一代努力，以及近年紫金县"林长制"的实施，现在的黄洞村，绿树掩映、风景秀美，村里随处可见需几人合抱的大树。黄洞村的鹰峰山，也凭借异禀的资源条件被划为河源紫金天娘丫地方级自然保护区的一部分，纳入更加科学的管理体系与保护措施之中。

李元蕃与李爱民父子俩,用几十年光阴践行习近平总书记绿水青山就是金山银山生态文明思想,以绿色发展、生态惠民为主导思想,为周边人民打造绿色康养基地,增加林地产出,扩大基层群众就业,不断满足人民群众对优美生态环境、优良生态产品、优质生态服务的需求,发展产业富民,全力释放"生态红利",让黄洞村生态美、产业兴、百姓富。

鹰峰山绿色康养基地

二、经验启示

鹰峰山的改变是紫金县推行林长制的缩影。紫金县始终致力于林业保护工作,特别是全面推行林长制以来,紫金县全力贯彻中央、省、市关于全面推行林长制的意见,积极响应《关于全面推行林长制的意见》等文件战略要求,以林长制为抓手,全面开展各项林业工作。县第一林长、林长亲自召开全面推行林长制工作动员会议,发布第1号林长令,推动林业各项工作落实落细。县林长办通过设立林长公示牌、发放全面推行林长制宣传手册、张贴林长制宣传海报等多途径开展林长制宣传工作,带动了紫金县龙窝镇黄洞村村民积极参与到林长制工作当中。民间林长带头履职,全民参与生态文明建设在龙窝镇蔚然成风,村民自发巡山护林,以实际行动守护村内森林资源,巩固林业建设成果,让绿水青山持续转化为金山银山。

实施创新驱动发展战略，构建林下经济发展新格局

肇庆市广宁县林长办

广宁县是一个拥有58万人口的山区县和革命老区，是全国著名"竹子之乡"，是一处森林资源丰富、亟待开发的宝地。全县林业用地面积301.07万亩，占国土面积363.75万亩的82.8%；森林面积302.78万亩；森林覆盖率82.17%；森林蓄积总量969.57万立方米。过去广宁财政和山区农民的收入大部分直接或间接来自林业及林产工业，属于"靠山吃山，靠林吃林"的发展方式。随着社会形势的发展，以竹木加工为主的大小企业原料来源困难，难以为继，林农面临失业和转业危机；来源于林业产业的税收在财政收入中的比重猛降，税收收入呈现大滑坡，林场和企业发展逐渐陷入困境。县委、县政府领导以林长制为契机，转变发展思路，不断完善林业发展机制、调整产业结构，发展山区经济，形成了一个新的共识：广宁还是要大做"绿"文章，但绝不是伐绿、毁绿，而是护绿、添绿、营绿。广宁县高度重视林下经济发展，实施创新驱动发展战略，构建起了以合作社为主体、市场为导向、产学研融合发展的林下经济发展新格局。

一、主要做法

（一）林长高位推动，科学规划

县委、县政府高度重视林下经济发展，制定出台了《广宁县林下经济发展规划（2021—2025年）》《广宁县林下经济示范基地建设作业设计》《广宁竹海国家森林公园总体规划（2020—2029年）》《广宁县森林康养基地建设方案（2018—2025年）》以及《广宁县林下经济百千万工程实施方案

（2022—2024年）》等系列文件，积极探索多种林下复合经营模式，结合"一镇一业、一村一品"同步推进，着重培育南药、茶、竹荪、灵芝等林下种植，油茶、竹笋、竹虫等采集加工业，林下养禽畜和蜜蜂等养殖业，发展森林康养，全方位发展林下经济产业。

广宁县竹荪产业

（二）建立组织体系，落实保障措施

县委、县政府制定了林下经济发展工作方案，将林下经济发展列入林长制考核范围。成立了以县长为组长的专责领导小组，建立了由县政府分管领导为召集人，县发展改革、财政、农业农村、林业、文广旅体等部门为成员的联席会议制度。切实转变政府职能，以市场为导向、企业为主体，强化服务意识，落实金融、信息、技术、资金等扶持政策。机构改革后，县林业局增设了科技与产业股，积极履行职责，积极向上申报争取国家级、省级、市级荣誉和政策、资金扶持。

（三）因地制宜，狠抓重点工程

广宁县狠抓总投资2350万元的省级林下经济示范县建设和1.5亿元的省级油茶现代农业产业园建设项目，目前砂仁、仿野生灵芝、竹荪、牛大力、金花茶、七星山南药、竹笋，以及油茶种植、加工和旅游等多个项目已完成建设，示范带动效应凸显。着力推进总投资 8.57 亿元的广宁县国家森林康养基地建设项目前期工作，抓好广宁竹海国家森林公园规划建设和自然保护地优化整合等工作，提升森林康养和森林旅游品位。完成竹海大观、万竹园、罗锅观竹亭改造提升项目，建成赤坑绿美古树乡村、红花油茶主题公园及 11 个绿化美化省定贫困村，持续打造森林休闲旅游网红打卡点，扩大森林旅游知名度。

（四）探索新机制，创新发展模式

广宁县积极探索和大力支持农民林业专业合作组织、家庭林场建设，发展社会中介组织和相关专业协会，提高农民发展林下经济的职业化水平和抗风险能力。大力推广"龙头企业＋专业合作社＋基地＋农户"运作模式，形成龙头企业、专业合作组织、家庭林场辐射带动，千家万户共同参与的林下经济发展格局。已初步形成"公司＋基地＋农户""专业合作社＋基地＋农户""企业＋合作社＋农户"等组织形式，部分基地创新细化出"基地＋分包农户管理"适用模式，由公司、合作社提供种苗、肥料和技术，保底收购，免费提供技术培训，广泛推动农户发展林下种植和养殖业。

二、工作成效

（一）生态示范带动作用突出

广宁森林旅游资源丰富，是生态休闲旅游度假目的地，已建成森林自然资源保护地 12 个、竹海大观景区、宝锭山竹博园、古水河郊野径徒步 35 公里线路、绥江两岸罗锅、丰源竹林生态休闲示范片区。广宁县被认定为首批国家森林康养基地、省林下经济示范县，6 个村获"国家森林乡村"称

广宁县农民正在进行砂仁采摘

号。多家企业、合作社获得省级林下经济示范基地、省级林业专业合作社和省级示范家庭林场称号。2018 年被评为广东省林下经济示范县；2020 年赤坑镇被广东省农业农村厅评为"砂仁专业镇"，合成村、雅韶村被广东省农

业农村厅评为"砂仁专业村","赤坑砂仁"被纳入全国名特优新农产品名录;2022年10月,广东康帝绿色生物科技有限公司生产的"广宁山茶油"被全国名特优新农产品收录。

(二)林下经济创收势头强劲

至2021年年底,广宁县林下经济涉林面积达到52万亩。全县油茶种植面积6.3万亩、砂仁3.5万亩、肉桂2.5万亩、竹笋丰产基地1.5万亩、其他南药基地0.5万亩;涉林下经济从业人员达82851人,企业和合作社带动农户16500人。2021年,全县涉林下经济的企业172家,专业合作社428家,省级林业龙头企业2家,省级林下经济示范基地2家,市级林下经济示范基地1家,省林业专业合作社3家,省示范家庭林场2家,南粤人家4家。

截至2021年年底,广宁县林下经济总产值达12.9197亿元,其中林下种植1.3455亿元、林下养殖1.1616亿元、采集加工4.26亿元、森林景观利用6.1526亿元。

三、经验启示

广宁县林下经济发展取得的成功经验:科学规划,县委、县政府高度重视林下经济发展,制定出台了一系列相关的规划文件,积极探索多种林下复合经营模式,全方位发展林下经济产业;能够优化资源配置模式,转变服务方式,充分发挥林下经济组织的人力、物力、财力、信息、技术等生产要素的潜力和优势,最大限度地调动各方面积极因素;狠抓重点工程,因地制宜,对现有资源进行整合,实行统一经营、统一管理,促进有限的生产要素产生最大的经济效益和社会效益、生态效益;"龙头企业+专业合作社+基地+农户"的运作模式推动我县林下经济向"管理规范化、生产标准化、经营品牌化、人员技能化、产品安全化"方向发展,达到"林业增效、林农增收、林地增绿"的多赢效果。

林下经济是一个新兴的复合农业生产模式,如何结合广宁社会经济发展的实际情况,按照项目建设的具体要求,以市场为导向,以广宁本地资源为依托,因地制宜发展广宁林下经济必将是一个永恒的课题,有待于我们继续深入探索更多的新机制。

健全林长制工作制度，推动林业发展迈入快车道

梅州市平远县林长办

平远县位于梅州市西北部，地处广东、江西、福建三省交界处，面积1381平方公里，属典型的"八山一水一分田"的山区县、生态县，全县现有林业用地面积161.1万亩，森林面积159.8万亩，森林蓄积量799万立方米，森林覆盖率77.52%。长期以来没有形成一套完整的、科学的和规范性的管理体系和协调运行机制，森林资源源头管理存在一定的弊端，加之森林公安、森林消防专业队伍已完成转隶，木材运输制度在新修订的《中华人民共和国森林法》中已被取消，乡镇林业工作管理站也在乡镇综合改革中被整合，林业行政执法面临严峻形势。

近年来，平远县以林长制试点县为契机，充分发挥示范带动作用，大胆探索、积极作为，推深做实林长制，全县三级林长体系全面建立并运行，林业体制改革和基层基础建设取得突破，森林资源保护发展成效显著，绿色生态优势持续巩固，林业发展迈入"快车道"，先后荣获全国绿化模范县、全国森林旅游示范县、中国最美森林、中国森林氧吧、国家森林康养基地（第一批）等称号。

一、主要做法

（一）健全林长体系筑根基

全面建成县镇村三级林长体系，全县设立各级林长446名，其中，县级林长14名、镇级林长184名、村级林长135名，保护地林长和产业林长113名。同时，落实林管员135名、护林员353名。制定并出台林长会议、

林长巡林、信息公开、部门协作、工作督查、考核办法等配套制度，进一步压实林长责任，形成以"制"促"治"工作格局。

（二）落实林长责任见实效

县委、县政府主要负责同志和分管领导高度重视林业生态文明建设，多次召开会议专题研究部署林长制工作，2022年以来，先后12次对落实林长制工作做出批示，发布2道林长令，要求全面落实林长"日常巡林、专项巡林、集中巡林"制度，深入山头地块开展动态巡林，将巡林工作走深走实。一是做到巡林前有计划，县、镇两级林长制办公室主动向县、镇两级林长汇报辖区内森林资源保护发展亟待解决问题和需协调重点工作事项，制定巡林工作方案，明确巡林具体安排，组织县、镇两级林长开展巡林。二是做到巡林期间有要求，巡林期间，林长对照任务清单、问题清单，通过直奔现场、召开座谈会等方式，分析问题、破解问题，全力推进林长制工作。三是做到巡林后有结果，针对林长巡林期间发现的问题，各级林长制办公室建立问题整改台账，明确整改内容、责任人、完成时限等内容，并在规定时间内向林长反馈整改结果。

（三）创新工作机制出真招

一是搭建集林长制管理、森林资源管理、灾害预警监测、造林绿化为一体的智慧林长信息管理平台，开发使用护林员巡护APP"护林通"，通过网格化护林、智能化巡检、数字化管理，促进巡护工作规范化、高效化。二是建立"林长+检察长""林长+警长"协作机制，增强检察机关、公安机关、林长制办公室及相关部门单位协同推进保护发展森林资源工作合力，为加大森林生态资源保护力度提供坚强的制度支撑和法治保障。三是设立平远县林长制办公室和林长制事务中心，林长制办公室负责林长制的组织实施和日常事务，发挥林长办与县级林长的工作请示汇报作用、与相关部门的工作沟通协调作用、对下级林长的工作督查督办作用；林长制事务中心为公益一类事业单位，核定事业编制3名，负责林长制信息化管理平台建设与运维、基层林长制工作站的日常管理等工作。四是结合新《中华人民共和国森林法》实施和林业体制改革，在全省率先创新设立林长制基层管护工作站，将原有木材检查站人员整合组建成4个林长制基层管护工作站，按照分片管辖的原则，每个站负责3个镇的森林资源日常管护，建立巡林台账，实行一宗一账、一周一巡、一月一更新的巡查监管机制，推动林长制工作重心下移。五是创新建立"林长令""督办函"制度。"林长令"按程序由县第一林长、县级林长联合签发；林长制成员单位的"督办函"由成员单位负责人签发；林长制办公室"督办函"由林长制办公室主任签发。督办文件明确督办任务、承办单位和协办单位、办理期限等。

平远县林长制信息管理平台

创新建立林长制基层管护工作站

二、工作成效

（一）护林网格化得到全面落实

全县 160 多万亩山林通过网格化、矢量化，细化至 353 名护林员，每人巡山护林面积约 5000 亩，责任落实到每个网格每个人，实现无缝隙管理。2021 年森林特别防护期的护林员上线率达 96%，日平均巡护里程 6358 公里，年度考核合格率 98%，28 名优秀护林员获得表彰奖励，辞退了 4 名考核不合格的护林员，森林防火工作实现了无森林火灾、无林火卫星热点、无人员伤亡事故的"三无"工作目标。2022 年 1~11 月，全县 446 名林长共开展巡林 5532 次，协调解决国土绿化、古树名木保护、森林防火等问题 30 个。

（二）林业违法犯罪得到有效遏制

随着"林长＋检察长""林长＋警长"工作机制地深入实施，以及林长制基层管护工作站源头管护责任进一步压实，有力地打击了乱砍滥伐和乱占林地、毁林开垦等违法行为，2022 年 1~11 月全县共查处各类行政林业案件 24 宗，同比下降 17.2%，完成核查疑似违法图斑 113 个，其中违法图斑 8 个，违法图斑数量同比下降 68%，林区破坏森林资源和野生动植物资源的违法犯罪势头得到有效的遏制。

（三）自然保护地体系得到不断完善

推行林长制之前，自然保护地因管理体制不健全，实行的是多部门分级分段管理，呈现出"九龙治水"的分散管理局面。而且在一些自然保护地界线划分不明区域，存在部门之间管理上的推诿，造成几不管的现象。平远县以推行林长制为契机创新森林资源管护机制，设立自然保护地林长与各级林长形成叠加式管护效应，完成自然保护地整合优化预案编制和"回头看"工作，整合优化后全县有自然保护地8个（其中自然保护区2个、森林公园4个、地质公园2个），总面积33.07万亩。完成自然保护地科学考察，正在组织开展总体规划编制、矢量化、勘界立标等工作。

生态保护与生态建设显成效

（四）绿水青山就是金山银山得到有效转化

针对分林到户后存在的林权分散、管理弱化、效益不高、村集体乏力等难题，平远县以产业林长为突破口，构建行政林长与产业林长相互协调配合保护发展森林资源的长效机制，推进林业园林治理体系和治理能力现代化，促进生态、经济和社会效益的协调统一。华清园科技有限公司董事长作为梅片树产业园副林长，创新"公司＋基地＋农户"模式，并与林农签订了保价协议，梅片树的新鲜枝叶从最初的1200元/吨涨至1400元/吨，再涨到 1600 元/吨，解决了种植林农的风险问题。在这样的保障机制下，目前，平远梅片树原料林 3 万多亩，产值达 2.5 亿元。根据规划，至 2030 年，梅片树种植面积可达 10 万亩，将建成全国最大的梅片树原料林种植基地，届时产值或将突破 50 亿元。

万亩梅片林种植基地

三、经验启示

实施林长制改革，需立足自身资源禀赋。一是突出对标对表，把习近平生态文明思想作为根本指导；二是突出以上率下，把党政主要负责同志亲力亲为抓改革作为关键举措；三是突出整体施策，把统筹山水林田湖草系统治理作为重要方法；四是突出绿色发展，把探索"两山"理念转化途径作为持久动力；五是突出问题导向，把完善配套政策作为重要支撑；六是突出共建共享，把增进人民群众生态福祉作为基本落点。

践行"两山"理念，推深做实林长制

江门开平市林长办

开平市，地处广东省中南部、珠江三角洲西南部，是广东省唯一的世界文化遗产——"开平碉楼与村落"所在地，是中国优秀旅游城市、国家园林城市、全国造林绿化百佳市、广东省文明城市。全市总面积1656.94平方公里，常住人口75.07万人（户籍人口68.55万），设15个镇（街道）、1个省级高新区、268个村（社区）。森林面积113.59万亩，森林覆盖率45.68%，森林蓄积量418.02万立方米，林地面积110.18万亩。开平市生态环境优良，获批创建全国绿水青山就是金山银山实践创新基地。开平市积极探索创新林长制工作新模式，充分调动各级林长积极性，在"建、管、融"等方面持续用力，努力走出一条经济发展和生态文明建设相辅相成、相得益彰的发展新路，推深做实林长制工作。

一、主要做法

（一）着力在"建"上下功夫，夯实生态基础

开平市在巩固现有绿化成果基础上，以调结构、提质量为主，以重要水源涵养地为重点，科学开展造林绿化，实施高质量水源林重点工程，2022年完成新造林5026亩，新造林抚育4400亩。坚持把全市农村人居环境整治绿化美化作为林业工作重点，实施"森林乡村"工程，结合乡村振兴工作目标任务，2021年成功建成4条省级森林乡村，既实现了绿化美化，又稳步推进了美丽乡村建设，为人民群众营造更加清新、舒适、健康的绿色空间。

（二）着力在"管"上下功夫，守住绿水青山

设立各级林长602人，其中市（县）级17人、镇级201人、村级384

人。同步设立基层监管员 209 人，聘用护林员 219 人，建成"一长两员"森林资源源头管护架构。建立"林长+警长"工作机制，科学配置森林警长 20 名，对域内 110 多万亩山林实现了全方位的管护。牢固树立生态安全意识，提升森林火灾、林业有害生物灾害等应急处置能力。对非法猎捕野生动物、非法采挖野生植物、乱砍滥伐林木、非法占用林地、非法采矿、污染环境等犯罪行为实行"零容忍"，2022 年累计查处各类案件 10 起，救治野生动物 98 只。抓好森林督查工作，从严从实做好违法案件查处整改工作。积极推进 9 个自然保护地整合优化，加大自然保护地监管，持续开展"绿盾"自然保护地年度监管专项行动，森林资源保护管理能力全面提升。

（三）着力在"融"上下功夫，拓宽生态路径

各级林长通过积极推进生态产业化和产业生态化，在保护中发展、在发展中保护，不断满足人民群众对优美生态环境、优良生态产品、优质生态服务的客观需求。把生态文明建设与发展经济、改善民生有机结合起来，大力发展"森林+"，推进林业与相关产业深度融合，充分挖掘森林资源的优势和潜力。牢固树立大食物观，向森林要食物，大力发展林茶、林药、林菌、林蜂、林禽、林畜等林业特色产业。依托优质森林资源，探索发展集观光、休闲、养生、体验等特色旅游为一体的"森林康养+"产业，提高森林综合效益，推动林业产业实现高质量发展。同时，以争创"县级低碳示范市"为契机，因地制宜探索生态价值实现的新路径，科学谋划推进国家储备林基地建设，提升生态系统碳汇能力和碳汇增量，积极推动绿水青山转化为金山银山。

二、工作成效

开平市各级林长结合各自资源禀赋，打造具有地方特色的绿色产业，分别形成了多种"两山"发展模式，释放推行林长制"生态红利"。

（一）打响品牌，生态富民

大沙镇作为县级水源保护区，是开平市唯一限制工业发展，保持原生态的乡镇。近年来，大沙镇党委政府立足当地经济发展水平、资源区位条件，发挥茶叶产业的特色优势，大力开展广东生态茶园专业镇建设，推动一系列

绿色科技成果转化落地应用，打造生态茶旅休闲精品路线，完善茶叶流通体系、质量安全监管体系、茶叶品牌建设体系，打造成为粤港澳大湾区茶叶生产、加工、流通、贸易和相关高端服务集散地。现种有"大沙茶"3.5万多亩，从业茶叶种植户有1510户，占全镇农户20.1%，全镇14个村委会中有6个开展大规模茶叶种植，镇内共有工商登记注册茶企业9家，成立茶叶种植合作社4个，高级生态茶园1家、初级生态茶园5家，年产干茶1812多吨，年产值超3.95多亿元。大沙镇成为广东省首个生态茶园创建专业镇，先后被授予全国"一村一品"示范村镇、广东十大茶乡、广东省森林小镇、岭南生态气候标志·城市天然氧吧、江门市宜居乡镇等荣誉称号。

大沙茶园航拍图

（二）全域旅游，乡村振兴

在世界文化遗产"开平碉楼与村落"所在地塘口镇，致力于推动旧墟镇改造和古村落片区综合开发，人居环境全面提升，吸引大批外出村民、侨胞回归就业创业。成功引入一批景区观光、研学旅游、民宿餐饮优质项目，投资额超30亿元，文旅产业蓬勃发展，驱动乡村全面振兴。目前，新型的旅游业态依托良好的生态环境，在塘口乡村活跃发展，形成了广东省生态旅游美丽乡村精品旅游路线，塘口镇强亚村获评中国美丽休闲乡村，邑美侨路塘口示范路获评全国美丽乡村路。塘口镇充分利用世界文化遗产和优美生态环境发展乡村文旅产业，已上升为塘口镇践行"两山"理念、振兴乡村的最有效、最直接、最惠民的途径。"两山"理念、绿色理念植根乡村、融入老百姓生活，得到了认可与支持。塘口镇先后被评为广东省森林小镇、旅游风情小镇、休闲农业与乡村旅游示范镇。

塘口自力村金秋

（三）古树新生，侨脉传承

在拥有 8.1 万海外侨胞的蚬冈镇，有开平市首个以古树为主题的绿美古树乡村——牛过塘村。村内拥有古樟树群、风水林、田园景观、竹林，是生态科普、历史文化、乡村景观廊道的综合场所。古樟树群总面积 0.62 公顷，群内树龄达 100 年以上的古树有 14 株，其中 13 株樟树，还有 1 株枫香树，均为三级保护古树。牛过塘的百年樟树是华侨当年出国必带的"樟木驱虫包"的原材料，牛过塘堤岸有华侨当年出国的码头，为此，开平市融合蚬冈镇生态资源保护和侨乡文化传承，以牛过塘古樟树群为载体，建设侨文化公园。设有"侨归码头""侨村风光景观长廊"，做到在保护珍贵古树资源的同时，又传承侨村历史文脉，让新时代侨乡风光焕发新的活力，一跃成为网红旅游景点。

蚬冈古树公园

三、经验启示

（一）坚持高位推动

开平市以习近平生态文明思想为指引，全力打造山水生态家园。市第一林长、林长率先在江门地区共同签发了开平市2022年第1号林长令，积极推动调整设立开平市自然保护地管理中心，解决了多年存在于本市自然保护地体系建设和管理中的困难和问题。各级林长认真履职尽责，推动林长制落地见效。

（二）坚持系统思维

推行林长制，必须统筹山水林田湖草系统治理，推动林业与其他工作有机结合。把林长制与其他重点工作，特别是与全域旅游、乡村振兴有机结合起来，同谋划、同推进、同落实。推行林长制，必须跳出林业抓林业，注重林业与其他工作之间相互协同、相互促进，不断赋予林业生态建设新的内涵，提升整体工作水平。

（三）坚持合理定位

要以全面发展为基础，以特色发展为抓手。结合当地实际，立足自身资源禀赋，重点发挥地方特色优势，选准发展方向，探索林业发展的新途径、新方法，做强做实绿色经济新文章，实现可持续发展。

参考文献

安徽财经大学，2021.安徽生态文明建设发展研究报告——林长制改革专题报告[M].合肥：合肥工业大学出版社.

陈华彬，2020.安徽省林长制改革的实践探索及路径选择[J].中南林业科技大学学报（社会科学版），14（3）：8-13.

陈雷，2016.落实绿色发展理念 全面推行河长制河湖管理模式[J].水利发展研究，16（12）：3.

韩璐，2015.美国森林资源管理探究与启示[J].林业资源管理，（5）：172-179.

胡迎春，2022.推深做实林长制，打造生态文明建设的宣城样板[J].现代园艺，45（12）：172-174.

滑晓晖，刘而立，2022.江西：从林长制迈向"林长治"[N].中国自然资源报，07-25（2）.

黄爱宝，2015."河长制"：制度形态与创新趋向[J].学海，（4）：7.

江西省林长制办公室，2022.江西林长制改革理论与实践[M].南昌：江西人民出版社.

李红勋，孙勋，董其英，2010.基于美国林务官制度对优化我国森林资源管理方式的思考[J].世界林业研究，23（6）：66-69.

李红勋，孙勋，柯水发，2013.借鉴美国林务官制度加强我国森林资源管理探析[J].林业经济评论，3：140-146.

李卫强，2022.论全面推行林长制对森林草原生态经济建设的重大意义[J].山西农经，（19）：125-127.

李小川，等，2021.林长制——五级林长管理实务[M].广州：广东科技出版社.

林震，孟芮萱，2021.以林长制促"林长治"：林长制的制度逻辑与治理逻辑[J].福建师范大学学报（哲学社会科学版），（6）：57-69+171.

凌卉妍，2022.河长制背景下广州市流域水治理的问题与解决对策研究[D].广州：广州大学.

刘帆，2022. 生态文明战略下"林长制"政策落实跟踪审计评价体系研究 [D]. 重庆：重庆工商大学.

罗勉，2022. 广东全面建立省市县镇村五级林长制体系 [N]. 中国经济导报，11-01（4）.

倪修平，傅雪罡，张人伟，等，2020. 江西全面推行林长制 构建森林资源管理长效机制 [J]. 南方林业科学，48（3）：58-61.

陶国根，2019. 国家治理现代化视域下的"林长制"研究 [J]. 中南林业科技大学学报（社会科学版），13（6）：1-6.

王书明，蔡萌萌，2011. 基于新制度经济学视角的"河长制"评析 [J]. 中国人口·资源与环境，21（9）：6.

武弦，2022. 河长制运行中的部门协同治理困境与优化对策 [D]. 贵阳：贵州大学.

夏建军，宋美君，2022. 让绿水青山成为百姓的"幸福靠山"——衡山县大力推进林长制工作侧记 [J]. 林业与生态，(5)：18-19.

许在华，2022. 我国林长制制度体系实施探赜 [J]. 世界林业研究，35（2）：117-122.

尹海龙，葛佳宁，徐祖信，等，2022. 我国河长制实施成效考核方法评估研究 [J]. 中国工程科学，24（5）：169-176.

张宏伟，胡淑仪，2020. 广东省林长制建立探析 [J]. 南方林业科学，48（4）：52-54+58.

张荣红，2022. 林长制推行中存在的问题和对策 [J]. 造纸装备及材料，51（3）：190-192.

周人杰，2022. 让林长制好制度产生好效果 [N]. 人民日报，08-29（5）.

周训芳，2021. 中办国办《关于全面推行林长制的意见》政策解读 [J]. 林业与生态，(4)：39-41.

附 录

广东省委、省政府
《关于全面推行林长制的实施意见》

为深入贯彻习近平生态文明思想，落实《中共中央办公厅、国务院办公厅印发〈关于全面推行林长制的意见〉的通知》精神，压实各级党委和政府保护发展森林草原资源的主体责任，全面推行林长制，现结合全省实际提出如下意见。

一、总体要求

（一）指导思想

坚持以习近平新时代中国特色社会主义思想为指导，全面贯彻党的十九大和十九届二中、三中、四中、五中全会精神，深入贯彻习近平总书记对广东系列重要讲话和重要指示批示精神，立足新发展阶段，贯彻新发展理念，打造新发展格局战略支点，按照山水林田湖草沙系统治理要求，坚持生态优先、保护为主，绿色发展、生态惠民，问题导向、因地制宜，党委领导、部门联动原则，建立健全全省森林草原资源保护发展责任体系，构建党政同责、属地负责、部门协同、源头治理、全域覆盖的长效机制，加快推进生态文明和美丽广东建设。

（二）目标要求

到 2025 年，运行机制顺畅的省市县镇村五级林长制组织体系全面建成，高质量的自然保护地体系、国土绿化和生态修复体系、现代林业产业体系、生态文化体系基本建立，每年森林火灾受害率控制在 0.9‰ 以内，全省森林覆盖率达 58.9%、森林蓄积量达 6.2 亿立方米。到 2035 年，全面推行林长制成效更加显著，各级林长保护发展森林草原资源目标责任充分落实，林草治理体系和治理能力现代化基本实现，生态系统碳汇增量逐步提升，人民群众生态福祉持续增进、山青林茂景美、生态功能完善、全民护绿享绿的美丽广东基本建成。

二、组织体系

（一）构建五级林长体系

力争到 2021 年年底，全面建立区域与自然生态系统相结合的省市县镇村五级林长体系。省设立总林长，由省委主要负责同志担任第一总林长、省政府主要负责同志担任总林长；设立副总林长，由省级负责同志担任。市、县（市、区）、乡镇（街道）设立第一林长、林长和副林长，分别由党委、政府主要负责同志和有关负责同志担任。各村（社区）可根据实际情况设立林长和副林长，分别由村（社区）党组织书记、村（居）委会主任和有关委员担任，构建以村级林长、基层监管员、护林员为主体的"一长两员"森林草原资源源头管护机制。省成立全面推行林长制工作领导小组，办公室设在省林业局，承担领导小组日常工作。各级林业主管部门承担林长制组织实施的具体工作。

（二）工作职责

各地要综合考虑区域、资源特点和自然生态系统完整性，科学确定林长责任区域。各级林长实行分区（片）负责，组织领导责任区域森林草原资源保护发展工作，落实保护发展森林草原资源目标责任制，组织制定森林草原湿地资源保护发展规划计划，将森林覆盖率、森林蓄积量、草原综合植被盖度、湿地保护率等作为重要指标，因地制宜确定目标任务，推动生态保护修复，维护生物多样性，组织落实森林草原防灭火、重大有害生物防治责任和措施，强化森林草原行业行政执法，协调解决责任区域的重点难点问题。

省总林长负责全省全面推行林长制工作，组织领导全省森林草原资源保护发展工作，对各级林长工作进行总督导。省副总林长负责协助省总林长全面推行林长制，同时作为省级林长负责组织协调解决南岭、鼎湖山、阴那山、罗浮山、云开山、莲花山等重点生态区域的森林草原资源保护发展重点难点问题。

市、县（市、区）林长负责辖区全面推行林长制工作，组织开展责任区域森林草原资源保护发展工作，协调解决森林草原资源保护发展重大问题。市、县（市、区）副林长负责协助林长全面推行林长制，协调解决责任区域森林草原资源保护发展的重点难点问题、自然保护地内的历史遗留问题，及时组织协调打击责任区域破坏森林草原资源的违法犯罪行为。

乡镇（街道）林长、副林长负责辖区全面推行林长制工作，组织实施责任区域森林草原资源保护发展工作，加强森林草原资源源头网格化管理，按规定做好综合行政执法工作。

村（社区）林长、副林长负责组织落实责任区域森林草原资源保护发展具体工作，落实源头网格化管理责任，及时发现、制止各类破坏森林草原资源行为，并向上级林长报告。

三、主要任务

（一）严格实施森林草原资源监管

建立林长巡查制度，及时发现处置森林草原资源保护发展问题。严守生态保护红线，严格执行林地、草地、湿地用途管制和森林采伐限额制度，严格控制林地、草地、湿地转为建设用地，加强重点生态功能区和生态环境敏感脆弱区域的森林草原湿地资源保护，禁止非法毁林毁草毁湿。加强森林草原湿地资源动态监测及数据衔接整合，科学编制实施各类资源保护发展规划。加强公益林管护，持续合理优化调整公益林布局，全面停止天然林商业性采伐，有序推进天然林与公益林并轨管理，完善古树名木和珍稀树种管护政策。实施珍稀濒危物种保护工程。强化森林草原督查，严厉打击破坏森林、草原、湿地、自然保护地和野生动植物资源违法犯罪行为。

（二）高质量开展森林草原资源生态修复

全面实施绿美广东大行动，科学推动国土绿化高质量发展，创新义务植树尽责形式，构建具有广东特色的五级森林城市建设体系，打造珠三角国家森林城市群发展绿核、沿海国家森林城市防护带和北部森林城市屏障区。健全南粤古驿道活化利用工作机制，提升古驿道生态修复质量。实施森林质量精准提升工程，推广优良乡土树种，发展珍贵树种，推进大径材示范基地和国家储备林建设，提升生态碳汇能力。加大重点地区生态修复和水土资源保护力度，巩固提升沿海沙化土地治理成效，推进万里碧道沿线山体人工商品林林相改造，建设高质量水源涵养林和沿海防护林体系。推进湿地分级管理和保护体系建设，强化红树林等湿地保护修复。

（三）构建以国家公园为主体的自然保护地体系

加快南岭国家公园建设，整合优化、科学规划各类自然保护地，促进区域联动发展，建立统一、规范、高效的国家公园管理体制。加强自然保护地监测监管，完善自然保护地执法监督机制，构建以国家公园为主体、自然保护区为基础、各类自然公园为补充的高水平自然保护地体系，提升自然保护地规范化、法治化建设管理水平。

（四）严格实施森林草原资源灾害防控

坚持森林草原防灭火一体化，落实地方行政首长负责制，完善森林草原防灭火应急预案和演练机制，加强野外火源管控，提升火灾综合防控能力和消防队伍建设水平。建立健全重大森林草原有害生物灾害防治地方政府负责制，将森林草原有害生物灾害纳入防灾减灾救灾体系。加强防范外来有害生物入侵，开展松材线虫病、薇甘菊防控5年攻坚行动，重点治理粤北生态区域松材线虫病，健全重大森林草原有害生物灾害监管和联防联治机制，规范产地检疫、调运检疫和检疫复检。健全陆生野生动物疫源疫病监测体系。

（五）创新推进林长制信息化建设

依托数字政府建设成果，充分利用5G、物联网等现代信息技术手段，构建集资源管护、科学决策、责任考核于一体的智慧林长综合管理平台，建立重点区域实时监控网络，实现林业信息系统互联、数据互通，林长"一网统管"，提升森林草原资源保护发展智慧化管理水平。

（六）全面深化林业改革

深化国有林场改革，推进以国有林场为重点的国有森林资源有偿使用制度改革。完善集体林权制度，规范林权流转管理，探索"三权分置"高效运行新机制。创新营造林、森林经营、林木采伐等体制机制，建立市场化、多元化资金投入机制，推动社会资本参与林业生态建设。深入推进乡村振兴林业行动，大力发展林下经济，培育壮大地方优势特色产业集群，加快森林旅游、森林康养、自然教育等绿色生态新业态发展。强化森林草原法规制度建设，深化森林草原行政执法体制改革，衔接乡镇（街道）综合行政执法并加强监督指导，加快构建新时代森林草原行政执法体系。

（七）加强基层基础建设

加快推行护林员网格化管理，改善基层管护设施设备，提升森林草原资源管护水平。整合用好各类管护资金，保障管护人员合理待遇，提高护林员等管护人员工作积极性。加强乡镇林业工作机构能力建设，强化森林草原防火和有害生物防治、自然保护地和野生动植物管护等基层林业人才队伍建设及教育培训。

四、保障措施

（一）加强组织领导

各级党委和政府是推行林长制的责任主体，要把推行林长制作为推进生态文明建设的重要举措，切实提高政治站位，加强组织领导和统筹谋划，明确责任分工，狠抓工作落实。省林业局要发挥牵头作用，统筹推进林长制各项任务落细落实。

（二）健全保障机制

建立健全林长会议、信息公开、部门协作、工作督查等制度。强化资金保障，确保生态林业建设等专项资金优先用于森林草原资源保护发展，完善森林生态效益补偿制度，加强对重点生态功能区的支持。推进森林保险和林业信贷业务。积极培育林业科技实体，加强林业科技攻关和成果推广应用，加强林地草地土壤污染防治，提升资源监测监管水平。

（三）强化监督参与

建立林长制信息发布平台。通过向社会公告林长名单，在责任区域显著位置设置林长公示牌，接受社会监督。有条件的地方可以推行林长制实施情况第三方评估，强化评估结果运用。每年公布森林草原资源保护发展情况。加强生态文明宣传和林草科普教育，通过森林草原旅游、自然教育、"公众林长"小程序等形式拓展公众参与渠道，倡导人人爱绿植绿护绿的文明风尚，营造全民参与治林治草的良好氛围。

（四）严格督导考核

加强全面推行林长制工作督导考核，县级及以上林长负责组织对下一级林长的考核，考核结果作为有关党政领导干部综合考核评价和自然资源资产离任审计的重要依据。落实党政领导干部生态环境损害责任终身追究制，对造成森林草原湿地资源严重破坏的，严格按照有关规定追究责任。建立健全督查等工作机制，强化督导，奖优罚劣，推动工作有效落实。

《绿美广东大行动实施方案》(节选)

为深入贯彻落实中共中央办公厅、国务院办公厅印发的《关于全面推行林长制的意见》和广东省委、省政府关于全面推行林长制工作的部署要求，全面实施绿美广东大行动，建设南粤秀美山川，特制定本方案。

一、总体要求

(一) 指导思想

以习近平生态文明思想为指导，认真践行绿水青山就是金山银山理念，按照山水林田湖草沙系统治理要求，不断满足人民群众日益增长的美好生态需求，严格落实林长制，全面实施绿美广东大行动，建设南粤秀美山川，助力碳达峰、碳中和目标实现，加快推进生态文明和美丽广东建设，为广东在全面建设社会主义现代化国家新征程中走在全国前列、创造新的辉煌提供强有力的生态支撑。

(二) 基本原则

——坚持保护优先。依据《中华人民共和国森林法》等法律法规，建立健全严格的森林资源保护制度，加大生态保护力度，建立以国家公园为主体的自然保护地体系和以国家植物园为引领的迁地保护体系，保护生物多样性，提升森林草原湿地等生态系统质量和稳定性。

——坚持生态惠民。牢固树立和践行绿水青山就是金山银山理念，科学绿化，增加森林面积、提升森林质量，增强森林生态系统碳汇能力，积极推进生态产业化和产业生态化，不断满足人民对优美生态环境、优良生态产品、优质生态服务的需求。

——坚持系统修复。针对不同区域生态系统问题，统筹考虑自然生态诸要素，做到分类施策、重点突破、系统修复，不断提升森林草原湿地等生态系统功能，推动建设粤港澳国际一流生态湾区。

——坚持目标导向。按照现状与目标值，测算年度增幅，将绿美广东大行动的各项目标任务分解下达，夯实各级党委和政府保护发展森林草原湿地和野生动植物资源的主体责任，全面落实各项指标任务，按照林长制工作要求加强督查考核。

（三）总体目标

持续巩固造林绿化成果，进一步提升森林资源质量，推动广东省国土绿化事业由数量规模型向质量效益型转变。预期到2025年，全省森林覆盖率达到58.9%，较2020年提升0.24个百分点；森林蓄积量达到6.2亿立方米，较2020年增加0.36亿立方米；天然林保有量稳定在262万公顷左右。陆域自然保护地占陆域国土面积比例不低于13%，珍稀濒危野生动植物种群规模稳步扩大，每年森林火灾受害率控制在0.9‰以内、林业有害生物成灾率控制在26.32‰以内。森林、湿地生态系统服务功能显著提升，高质量生态产品供给能力显著增强，建成高品质珠三角国家森林城市群，建设人与自然和谐共生的绿美广东。

（四）主要任务

围绕省委"1+1+9"工作部署，全面实施绿美广东大行动，建设南粤秀美山川。

（1）建立五级林长责任体系。建立省、市、县、镇、村五级林长体系，构建党政同责、属地负责、部门协同、源头治理、全域覆盖的长效机制。各级林长实行分区（片）负责，组织领导责任区域森林草原湿地和野生动植物资源保护发展工作。省级林长负责组织协调解决鼎湖山、南岭、阴那山、罗浮山、云开山、莲花山等重点生态区域的森林草原湿地和野生动植物资源保护发展重点难点问题。

（2）实施六项行动计划。以绿美广东大行动为核心，全面实施重点生态区域建设、森林资源保护管理、碳中和林业、高品质森林生态产品供给、森林城市群品质提升、林业助力乡村振兴等六项行动计划。加大政策、资金扶持力度，明确责任分工，加强督导考核，推动绿美广东大行动目标任务全面落实。

二、重点行动

（一）重点生态区域建设行动计划

以广东省名山及主要山脉、河流为骨架，以行政区划为界限，科学划定重点生态区域，作为省级林长责任区域予以重点监管、定期巡查。加强生物多样性保护，提升重点生态区域森林草原湿地生态系统功能；开展林长绿美园认定工作，以林长制推动生态惠民；积极探索开展具有地方特色的林长制工作，支持有条件的地方（市、县）创建林长制示范区。

（二）森林资源保护管理行动计划

严格森林资源保护管理，全面提升森林资源管理现代化水平。严格实施森林资源使用管控制度，组织护林员加强公益林、天然林和野生动植物及其栖息地、原生地保护巡护，加大国家保护野生动植物及其栖息地就地、迁地保护力度；加强林业有害生物防治，建立健全森林火灾防控协同机制，提升各类林业灾害综合防控能力；利用信息化技术手段，提升森林草原湿地资源智慧化管理水平，推动林业治理能力现代化。

（三）碳中和林业行动计划

开展国土绿化和生态修复，强化森林抚育和科学经营，增加森林面积，提升森林质量，加强草原监测管护，加大湿地保护修复力度，增强森林、草原、湿地生态系统固碳能力，提高林业碳中和贡献率。开发碳普惠项目，进一步完善林业碳汇交易机制，推进林业碳汇交易平台发展，推动更多林业碳汇项目落地。

（四）高品质森林生态产品供给行动计划

探索生态产品价值实现机制，鼓励各地增加森林生态产品供给，推动生态产品价值实现。提升各级各类自然保护地建设水平，持续推进自然教育基地、自然教育品牌和森林康养基地建设，促进生态惠民。大力弘扬森林生态文化，挖掘、打造更多优质森林生态产品，满足人民群众的生态需求。

（五）森林城市群品质提升行动计划

巩固珠三角森林城市群建设成果，推动珠三角国家森林城市群品质提升，引领国家森林城市群建设。以珠三角为核心，联动港澳地区，探索建设粤港澳大湾区森林城市群。进一步辐射带动粤东西北地区，高标准、高质量建设国家森林城市、森林县城，推动广东森林城市建设走在全国前列。持续加大古树名木保护管理力度，全面提升古树名木保护水平，提升古树名木在传承历史文化方面的价值，为居民留住乡愁。

（六）林业助力乡村振兴行动计划

积极对接乡村振兴战略，充分利用森林资源，发挥森林资源生态产品供给、生态安全屏障、生态文化传承等功能，拓宽生态价值实现途径。防控野生动物危害，推动将野生动物致害补偿纳入保险制度，维护群众利益。发展林业特色产业，增加高质量林业生态产品供给，巩固生态脱贫成果。推进乡村绿化美化，持续提升乡村生态环境质量，推动生态富民，助力乡村振兴。

三、保障措施

（一）强化责任落实

严格落实林长制，全面实施绿美广东大行动，将绿美广东大行动作为全面推行林长制的重要抓手，压实各级党委和政府保护发展森林草原湿地资源的主体责任。各级林业主管部门承担绿美广东大行动组织实施的具体工作，强化部门协同，相关部门各司其职，组织护林员等各方力量加强森林、湿地和野生动植物资源的管护巡护，形成强大工作合力。

（二）强化政策保障

按照生态优先、严格保护、节约集约、保障重点的原则，严格执行林地定额管理和用途管制制度。全面停止天然林商业性采伐，从严控制公益林更新采伐和天然林抚育采伐，引导人工商品林采伐方式转变。建立健全落实采造挂钩、伐育同步的森林资源管理机制。

（三）强化资金支持

充分发挥财政资金的引导作用，加大各级财政资金统筹力度，探索林业生态建设资金投入增长机制，强化绿美广东大行动资金保障。落实国务院办公厅印发的《关于新形势下进一步加强督查激励的通知》精神，积极争取国务院林长制督查激励。建立健全林权抵押贷款制度，推广"林权抵押+林权收储+森林保险"的贷款模式，引导开发性金融机构加大支持林业发展的力度。鼓励合格市场主体对林权抵押贷款提供第三方担保，并对出险的抵押林权进行收储。鼓励和支持社会资本通过自主投资、与政府合作、公益参与等方式参与生态保护修复。

（四）强化督查考核

将绿美广东大行动主要目标任务纳入林长制督查考核范围，考核结果作为地方有关党政领导干部综合考核评价和自然资源资产离任审计的重要依据。落实党政领导干部生态环境损害责任终身追究制，对造成森林草原湿地资源破坏的，严格按照有关规定追究责任。

（五）强化科技支撑

加强林业科学研究，开展林木良种选育、有害生物防控、乡土珍稀树种扩繁等科技攻关，加强困难立地造林、树种配置、珍贵树种培育等技术研究。强化实用技术研发和林业科技示范推广，积极推广实用、高效、便捷的绿化机械，提高造林绿化科技含量和科技应用水平。进一步完善林业标准化服务体系，加强林业人才队伍建设，加强技术培训和科普教育，为林业发展和国土绿化提供智力支持。

绿美广东大行动之《重要生态走廊建设行动计划》中的六大生态走廊建设任务见附表1至附表6。

附表1 南岭—北江生态区区域建设任务分解表

单位	南岭国家公园	生态产品价值实现	天然林保护修复（公顷）		高质量水源林建设（公顷）					林业有害生物综合防治		国家石漠公园	南粤古驿道生态修复综合治理				
			保有量	修复面积	合计	人工造林	更新改造	补植套种	封山育林	松材线虫病疫情压减面积（公顷）			古驿道名称	古驿道区域森林覆盖率（%）	乔木林每公顷蓄积量（立方米）	针叶林、阔叶混交林和混交林比例
南岭—北江生态区域			978783	11010	89842	6860	27685	12183	43113	8446.67						
广州市			69362.7	630	13987	233	3011	2349	8393	226.67			广韶古道	52.5	65	增加3%
韶关市	√	林业碳汇交易发展	550403.6	7123.33	40428	3576	12783	6369	17700	6193.33		乳源西京古道国家石漠公园	西京古道、梅关古道、乌径古道	52.5	65	增加3%
清远市	√	林业碳汇交易发展	359016.7	3256.67	35427	3051	11891	3465	17020	2026.67		连南万山朝王国家石漠公园	秦汉古道、湘粤古道、西京古道	52.5	65	增加3%

注：1. 表中的任务指标均指2021年至2025年期间累计完成的工程任务量，下同。
2. 天然林保护修复任务按照《广东省天然林保护修复规划（2021—2025年）》实施，韶关市任务量含省属乳阳林场33.33公顷及省属天井山林场300公顷任务量。

附表2　阴那山—韩江生态区域建设任务分解表

单位		生态产业化、产业生态化建设				国家储备林（公顷）	天然林保护修复（公顷）		高质量水源林建设（公顷）				
		油茶产业发展基地（个）	右旋龙脑（梅片）产业示范区（个）	竹产业发展基地（个）	林下种植中药材产业发展基地（个）		保有量	修复面积	合计	人工造林	更新改造	补植套种	封山育林
阴那山—韩江生态区域	合计	3	1	2	1	38556	463236	7950	44843	1111	11367	14305	18060
	梅州市	3	1	2		36889	430680.8	7690	36303	923	8952	10242	16187
	潮州市				√	1667	32555.2	260	8540	188	2415	4063	1873

注：天然林保护修复任务按照《广东省天然林保护修复规划（2021—2035年）》实施。

附表3 莲花山—榕江生态区域建设任务分解表

单位		湛茂阳森林城市群	天然林保护修复（公顷）		雷州半岛生态修复（公顷）		红树林生态保护修复（公顷）		高质量水源林建设（公顷）				
			保有量	修复面积	桉树低效林改造	优质混交林建设	营造面积	修复面积	合计	人工造林	更新改造	补植套种	封山育林
莲花山—榕江生态区域	小计		8	6079	19247.1	58052.9	670	34843	2991	6488	12534	12830	
	汕头市	✓	3	772	379.8	1394.7		4360	193	910	583	2673	
	揭阳市	✓	3	424	6061.8	35501.1	530	14577	752	2455	6453	4917	
	汕尾市		2	4883	12805.5	21157.1	140	15906	2046	3123	5498	5240	

注：天然林保护修复任务按照《广东省天然林保护修复规划（2021—2035年）》实施。

附表4 云开山—鉴江生态区域建设任务分解表

单位		天然林保护修复（公顷）		雷州半岛生态修复（公顷）		红树林生态保护修复（公顷）		高质量水源林建设（公顷）				
		保有量	修复面积	桉树低效林改造	优质混交林建设	营造面积	修复面积	合计	人工造林	更新改造	补植套种	封山育林
云开山—鉴江生态区域	小计	110719.7	1580	5000	1667	3846	1513	31808	3436	8374	8355	11643
	阳江市（湛茂阳森林城市群√）	88264.2	980			950	29	10770	1079	3359	2763	3570
	湛江市（湛茂阳森林城市群√）	831.7		5000	1667	2813	1370	6992	458	2979	288	3267
	茂名市（湛茂阳森林城市群√）	21623.8	600			83	114	14047	1899	2037	5304	4807

注：天然林保护修复任务按照《广东省天然林保护修复规划（2021—2035年）》实施。

附表5 罗浮山—东江生态区域建设任务分解表

单位		高质量水源林建设（公顷）					天然林保护修复（公顷）		林业有害生物综合防治 松材线虫病疫情压减面积（公顷）	建立森林生态产品价值评估机制和标准	生态产品赎买交易
		合计	人工造林	更新改造	补植套种	封山育林	保有量	修复面积			
罗浮山—东江生态区域	小计	62780	4563	15116	19147	23953	700975.7	15720	7133.33	建立森林生态产品价值评估机制和标准	
	深圳市	1933		760	1173		24744.2	290	133.33		
	河源市	37780	2801	9653	9673	15653	518353.8	12120	4580		建立重要饮用水源地周边商品林赎买交易制度和平台
	惠州市	20853	1762	3956	6835	8300	155099.2	3310	2186.67		
	东莞市	2214		747	1466		2778.5		233.33		

注：1. 深圳市松材线虫病疫情压减任务指标由深汕特别合作区完成。
2. 天然林保护修复任务按照《广东省天然林保护修复规划（2021—2035年）》实施，河源市任务量含省属东江林场503.33公顷任务量。

附表6　鼎湖山—西江生态区域建设任务分解表

单位		粤港澳大湾区森林城市群				鼎湖山—西江生态区水鸟生态廊道建设	西江流域综合治理（公顷）							
		生态廊道连通度（%）	20公顷以上成片森林面积占比（%）	植物园/树木园建设水平提升（个）	特色植物园/树木园（个）	珠三角地区水鸟生态廊道建设	天然林保护修复		合计	高质量水源林建设				
							保有量	修复面积		人工造林	更新改造	补植套种	封山育林	
鼎湖山—西江生态区域	小计	≥90	≥90	5	6	按照《珠三角地区水鸟生态廊道建设规划（2020—2025年）》落实	263040.9	4183.33	58967	2004	20834	16062	20067	
	珠海市	≥90	≥90				10508.5		2820	90	335	1395	1000	
	云浮市	≥90	≥90	1	1		33093.2	193.33	14887	595.33	4523	3335	6433	
	中山市	≥90	≥90	1	1		1466.9		2040	111.33	1118	811		
	江门市	≥90	≥90	1	1		97867.2	3280	12333	198	6004	3058	3073	
	佛山市	≥90	≥90	1	1		1584.7	40	8207	168	4005	1700	2333	
	肇庆市	≥90	≥90	2	1		118520.4	670	18680	841.33	4849	5763	7227	

注：天然林保护修复任务按照《广东省天然林保护修复规划（2021—2035年）》实施。

广东省级智慧林长综合管理平台简介

广东省智慧林长综合管理平台（以下简称：智慧林长平台）是以广东林业一体化数据库为基础，运用物联网、地理信息系统、"互联网＋云平台"、业务可视化等技术，实现五级林长责任网格矢量化、林长信息公开化、绩效考核指标化和任务更新实时化等业务功能。通过建立分级管理、职责清晰、动态管理的一体化平台。可完成"省、市、县（区）、乡（镇）、村"五级联动，满足各级林长和林长办即时办公、信息查询、数据处理、多向互动、指挥传导、指标考核、综合展示等业务需求，实现森林资源和森林生态的高效率、高精度管理，为"林长治"夯实基础。

一、总体思路

利用现代信息技术，建立一套完整信息化、数字化、智慧化的林长综合管理平台，是落实林长制人员组织架构、林长网格管理、年度重点任务、年度考核管理、森林资源管理、森林资源保护发展目标责任制和考评制制度实施的重要手段和必由之路，是健全完善森林资源保护制度的有力抓手，为促进林业可持续发展的信息化支撑和保障。

按照"统筹在省、组织在市、责任在县（区）、运行在乡（镇）、管理在村"的要求，以强化森林资源源头管理为重点，以分级负责为原则，建成一个上下贯通，管理和考核并重，业务与服务并存的智慧林长平台，集成粤政易和粤省事，建立林长制管理和服务体系，实现林长制工作全民参与。

建设以省、市、县（区）、乡（镇）、村五级林长架构体系为基础的省垂智慧林长平台，实现全省统一的林长制信息化办公平台，打破全省林业各级业务系统数据孤岛、各自独立的格局。同时通过建立全省标准数据接口和全省林长制业务数据标准库，实现与市级自建智慧林长平台的数据互联互通，形成标准的全省林长制业务数据集合。建立全省智慧林长信息化数据标准的同时，也为市县的智慧林长平台建设提供参考标准和实践经验。

二、关键技术

（一）"3S"技术

智慧林长平台是智慧林业领域的一个关于林长制的创新业务实践，它具备智慧林业的"天空地"一体化的特性。目前，"3S"技术在林业的"天空地"发挥着关键的技术作用。

"3S"技术是遥感技术、地理信息系统和北斗定位系统的统称，是空间技术、传感器技术、卫星定位与导航技术和计算机技术、通信技术相结合，多学科高度集成的对空间信息进行采集、处理、管理、分析、表达、传播和应用的现代信息技术。

GIS是一个专门管理地理信息的计算机软件系统，它不但能分门别类、分级分层地去管理各种地理信息；而且还能将它们进行各种组合、分析、再组合、再分析等；还能查询、检索、修改、输出、更新等。地理信息系统还有一个特殊的"可视化"功能，就是通过计算机屏幕把所有的信息逼真地再现到地图上，成为信息可视化工具，清晰直观地表现出信息的规律和分析结果，同时还能在屏幕上动态地监测"信息"的变化。总之，地理信息系统具有数据输入、预处理功能、数据编辑功能、数据存储与管理功能、数据查询与检索功能、数据分析功能、数据显示与结果输出功能、数据更新功能等。地理信息系统一般由计算机、地理信息系统软件、空间数据库、分析应用模型图形用户界面及系统人员组成。地理信息系统技术现已在资源调查、数据库建设与管理、森林资源管理及其适宜性评价、区域规划、生态规划、作物估产、灾害监测与预报、网格管理等方面得到广泛应用。

"3S"技术在空间信息采集、动态分析与管理等方面各具特色，且具有较强的互补性。这一特点使得该技术在应用中紧密结合，并逐步朝着一体化集成的方向发展。"3S"技术及其集成应用已经成为空间信息技术和环境科学的一个重要发展方向。

（二）微服务架构

智慧林长平台是一个业务创新的省垂直系统，因此该系统必须具备高可用、分布式和使用便利等特性，同时在开发模式上需支持快速原型迭代模式，当前微服务能较好地满足这技术特性。

微服务（或微服务架构）是一种云原生架构方法，其中单个应用程序由许多松散耦合且可独立部署的较小组件或服务组成。这些服务有自己的堆栈，包括数据库和数据模型，通过 RESTAPI、事件流和消息代理的组合相互通信，它们是按业务能力组织的，分隔服务的线通常称为有界上下文。

在开发实施中可以更轻松地更新代码。团队可以为不同的组件使用不同的堆栈。组件可以彼此独立地进行缩放，从而减少了因必须缩放整个应用程序而产生的浪费和成本，因为单个功能可能面临过多的负载。

（三）容器技术

智慧林长平台基于微服务架构，平台在应用架构上由多个较小的微服务单元组成，这些服务直接由微服务的各大组件组合形成一个分布式网络系统。由于服务规模随着业务发展和微服务的创造，微服务集群规模增大，会导致集群管理和运维带来一定困难，因此需要采用容器化技术来进行服务治理。

当前较为成熟的容器技术为 Docker。容器技术的核心就是通过对资源的限制和隔离把进程运行在一个沙盒中。并且这个沙盒可以被打包成容器镜像（Image），移植到另一台机器上可以直接运行，不需要任何的多余配置。其中 Docker 是容器技术的事实标准。

三、模块功能

（一）智慧林长平台 Web 端

智慧林长平台（Web 端）建设内容包括：包括网格管理、林长事务、护林管理、年度考核、综合数据、日常事务六大功能板块。

（1）网格管理：实现省、市、乡（镇）、村五级林长责任网格矢量化，将网格化与遥感影像、公共基础数据、林业专题数据、林长专题相结合，通过林长网格落实网格责任人、森林资源监管、年度任务、一长两员等工作。

（2）林长事务：林长日常事务处理模块，包括日常待办工作及任务处理功能，为各级林长提供林长令发布和查询服务。各级林长可以灵活设定年度重点任务指标，为下级林长进行指标和任务分配，实现对重点年度任务进行实时跟踪及督导。

（3）护林管理：在线护林员定位及考勤统计、护林员管护网格定位、巡护记录查询及轨迹回放、巡护事件定位及查询。

（4）年度考核：年度考核指标自定义设置及调整、年度任务内容下发及进展统计、年度任务完成情况查询。

（5）综合数据：森林资源综合信息、林长制业务数据、巡护监测数据可视化展示。

（6）日常事务：一长两员、林长办、责任区域、林长电子公示牌、信息发布、巡护任务、事件管理、会议管理、通知公告、系统用户权限、行政区域、单位信息等日常工作管理。

（二）智慧林长移动端（粤政易）

"智慧林长"移动端融合到"粤政易"中，各级林长可以通过"粤政易"实现林长事务移动办公。具体功能包含：

（1）信息查询：资讯动态、年度任务、考核指标、森林资源信息等信息查询。

（2）日常工作处理：责任网格、在线巡林、林长履职、事件处理、任务下发、护林管理、信息统计分析等工作处理。

（三）公众林长端（粤省事）

公众林长端融合到"粤省事"中，公众端提供各地林长资讯动态查看、林长名单公示、林长网格定位查询、林情资源数据查看、违法事件上报等功能，通过公众端大力宣传生态文明保护思想和实现全民参与森林资源监管。

四、系统架构

（一）总体架构

基于数字政府2.0的需求，依托业界先进技术和创新的林长制业务架构能力，整合现有的信息化系统资源，参考电子政务信息化架构，打造"113N"智慧林长平台架构体系。从技术层面"113N"即"1云、1中台、3端、N智能应用"，具体如下图。

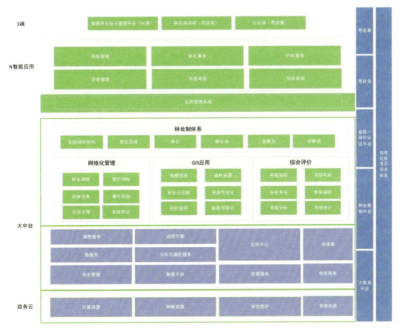

"113N"智慧林长平台架构体系

3端包括智慧林长平台WEB端、林长粤政易端和粤省事端，其中智慧林长平台是基于web的分布式应用，采用浏览器访问；林长移动端是基于粤政易体系的林长应用端，各级林长通过粤政易APP即可使用；粤省事公众端是基于粤省事为公众提供全民参与林长制建设的窗口，并提供相关的数据查询、资讯动态和投诉建议等服务。

N应用是基于智慧林长平台的多个智能应用，主要包括林长工作协同应用、数据管理类应用和决策辅助类应用。

1中台包括业务中台和技术中台，业务中台是基于对林长制业务的深层次理解，通过信息化技术抽象和开发的通用服务。技术中台是信息化技术平台，包括微服务、分布式调度、数据平台、流程引擎和容器服务等。

1云是广东省政务云。应用是基于政务云的架构，云平台提供物理运行环境，包括计算资源、网络资源、存储资源、平台软件服务和云端安全防护。

（二）应用架构

采用分层的架构理念，自顶向下分为应用端、业务应用、支撑应用和数据库，同时使用应用集成技术整合外部系统，以便充分使用现有信息化的成果，实现信息化资源的集约化管理和应用的互联互通。具体如下图。

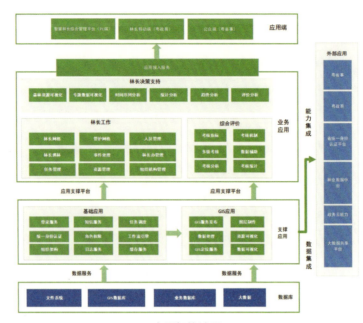

应用架构流程

（三）数据架构

数据架构采用"数据应用、数据中台、云平台"的架构体系。数据中台是数据服务、数据资产、数据管理、数据处理、数据治理全过程的技术平台。具体如下图。

数据架构流程

（四）安全架构

智慧林长平台采用纵深防御安全体系。安全架构分为网络、应用、数据、物理和安全管理等 5 个层面。具体如下图。

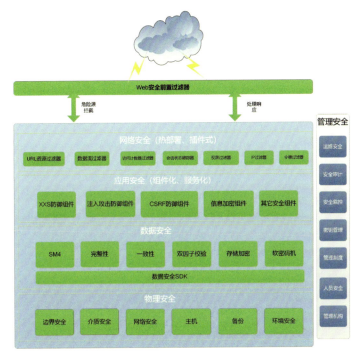

安全架构流程

五、系统特点

（一）网格管理

基于广东林业一体化数据库数据，实现全省五级林长网格矢量化管理；林长年度任务下达、任务进度监控、林长巡林、年度考核在线跟踪；通过林长巡林及时发现和制止各类破坏森林草原资源行为，是林长履行工作职责的便捷工具。

（二）数据丰富

智慧林长平台加强了各类数据的集成和整合，充分利用"粤政图"数据、广东林业一体化数据库数据，为各级林长和林长办提供各类森林资源信息，便于掌握责任区域内的森林资源数量和生态系统状况等信息，为林长决策提供参考。

（三）量化考核

智慧林长平台提供年度考核功能，各级可自定义考核内容和考核指标，通过下发考核量化指标及考核内容，建立自评、核查、统计分析等考核流程，实现考核指标量化和统计，加强各级林长监管和考核，为全省落实林长责任制提供信息化考核手段。

（四）简洁实用

对林地小班、地块森林资源与生态状况、责任区域林情的查询，提供各类定位和测量工具，实现录入和自动生成电子公示牌，实用性强，为基层林业管理提供信息支持和技术支撑。

（五）全民参与

各级林长在粤政易巡林，对林长巡林事件上报进行及时跟踪与处理，同时建设"公众林长"应用服务融合粤省事，为公众林长通过事件上报和跟踪评价，让公众参与林长制工作，实现全民参与森林资源监管。

（六）标准开放

依托广东省数字政府建设，充分运用政务云平台，建立全省标准数据接口和全省林长制业务数据标准库，实现与市级自建智慧林长平台的数据互联互通，规范各类林长制业务数据类型及规范，为地市提供数据共享和交互标准接口。

六、运行成效

智慧林长平台于2022年5月选取4个地市进行试运行（广州市、韶关、茂名、梅州），2022年6~8月全省正式上线使用。平台共上线各级林长90494人，林长办人员4443人，监管员26582人，电子公示牌21561块，资讯数据2375篇，林长巡林记录89894条；完成17个地市智慧林长平台数据对接，对接各类业务数据共计14535条。通过本期智慧林长平台建设完成了全省林长制组织人员架构、林长网格、林长公示牌、护林管理、年度工作任务、年度考核等信息化管理，提升了全省林长制工作效率，实现各级林长和林长办之间日常工作上下协作、互联互通，并通过粤省事"公众林长"应用初步形成林长制公众宣传和监督体系。

广东省林长绿美园申报认定指引（试行）

第一条　为规范广东省林长绿美园（以下简称"林长绿美园"）申报认定工作，确保园区质量和效果，打造主题突出、特色鲜明的生态示范样板，全面加快落实林长制，按照有关要求并结合全省实际，制定本指引。

第二条　本指引适用于广东省省级林长绿美园的申报认定。各地可参考本指引开展本级林长绿美园的认定。

第三条　林长绿美园是指各级林长通过加强组织领导，推进科学绿化，强化资源管护，深化体制机制改革等手段，在自身责任区域内打造森林质量精准提升、绿水青山就是金山银山价值转化、共享绿色生态福祉等三大主题之一的示范样板区域，展示全面推行林长制工作成效的园区。

第四条　广东省林长绿美园的申报认定坚持公开、公平、公正的原则，实行动态管理，主动接受社会监督。

第五条　广东省全面推行林长制工作领导小组办公室（以下简称"省林长办"）负责广东省林长绿美园申报的指导、组织和认定等工作。

第六条　申报认定的广东省林长绿美园应满足选址、生态环境和基本设施等要求，能体现林长履职尽责，积极推动林业高质量发展工作成效，符合森林质量精准提升、绿水青山就是金山银山价值转化、共享绿色生态福祉等三大主题之一，重点凸显13个特色要求中的1个或以上。

（一）选址要求

（1）区域明确，界限清晰，无林地林权及其他权属纠纷，无违法违规占用林地、农地、水域、滩涂等行为。

（2）集中连片，具有一定规模和边界。

（3）有安全通行的道路通达林长绿美园。

（二）生态环境要求

（1）生态系统保存完好，生物多样性丰富。

（2）生态环境良好，5公里内无大气污染、水体污染、土壤污染、噪声污染、农药污染、辐射污染、热污染等污染源。

（3）近3年未发生重大森林火灾、违法采伐毁坏林木、违法占用林地和违法猎捕经营野生动物、非法采集国家保护野生植物事件，无严重的森林病虫害及外来物种入侵。

（三）基本设施要求

基本设施包括标识设施、科普宣教设施、基础和服务设施、应急和安全设施等，能展现本级林长制工作相关内容，融入岭南生态文化元素。

（1）标识设施。标识设施包括林长公示牌、林长绿美园总览牌、指示性标识、科普宣教标识等。

（2）科普宣教设施。科普宣教设施应结合林长绿美园的特色，设立标准地、科普径、科普宣教室、宣教牌（栏）等，向公众科普林业生态建设相关知识，提升公众生态科学素养。

（3）基础服务设施。基础服务设施包括必要园内道路、停车场、出入口、驻留点、卫生设施等。

（4）应急安全设施。应急安全设施包括应急避难设施、应急通信设施、急救照明设施、急救药箱、交通安全设施、消防安全设施、自然灾害安全防护设施、野生动物安全防护设施等。

（四）特色要求

林长绿美园应体现林长承担森林资源保护发展主体责任，围绕森林质量精准提升、绿水青山就是金山银山价值转化、共享绿色生态福祉等三大主题之一，重点凸显13个特色要求中的1个或以上。

主题一：森林质量精准提升示范样板

公益林建设和天然林保护：森林类别为公益林，树种组成为地带性原生植被，郁闭度0.8以上，特点明显，保护价值较高。

高质量水源涵养林营建：分布在重要水源地周边，郁闭度在0.8以上，优势树种具有较高的水源涵养功能。

困难立地修复：针对紫色砂页岩、废旧采石场、硫铁矿、盐碱地等困难立地进行了系统性生态修复，具有较好成效，并以特色景观为主体，形成供人们游览观赏、科学考察的特色空间地域。

大径材培育：相对集中连片；立地条件较好，土层深厚、水肥条件等适合大径材树木生长；经营主体须拥有林木所有权或使用权，具有较高经营水平，并已建立短周期、中周期、长周期相结合的经营模式。

沿海基干林带营建：具有完整的一、二、三级基干林带，红树林面积恢复、基干林带达标、老化基干林带更新等效果显著。

珍稀濒危野生动植物及其栖息地原生地保护：在国家专项物种和重点保护珍稀濒危野生动植物的调查研究、就地保护、繁育、培植、放（回）归等拯救保护措施与工程等方面成效显著；在珍稀濒危野生动植物扩繁与迁地保护、种质资源收集保藏、动物救护体系、植物园体系等方面效果明显；在野生动物危害防控、补偿和疫源疫病监测能力等方面提升显著。

主题二：绿水青山就是金山银山价值转化示范样板

特色经济林：以林农（村民小组、经济社）为主体开展的包括油茶、肉桂、橄榄、澳洲坚果等经济树种的种植加工，并形成一定的品牌知名度。

林下种植（养殖）：以林农（村民小组、经济社）或企事业单位为主体开展的包括林药、林菌、林禽、林蜂、林花、林茶等林下种养，并形成一定的品牌知名度。

主题三：共享绿色生态福祉示范样板

森林康养：具有丰富多彩的森林景观，风景资源品质较高，康养设施较为完善，生态环境优美宜人，适合人民群众进行旅游休闲、娱乐运动、保健养生，满足人民群众对绿色低碳生活的需求。

自然教育：具备特色的自然资源条件、丰富或典型的生物资源，具有1条以上的自然教育径和专门的宣教室（中心），可以提供自然游戏、自然观察、自然文创等各类自然教育产品与服务。

自然体验：区域明确，权属清晰。具备区域典型的森林、湿地、地质和文化资源，可为人们提供各种形式的自然体验。

生态旅游：具有独特的自然风光、文化资源和珍稀濒危野生动植物及其栖息地资源，森林景观优美。具有传统特色的街景设施、休闲农庄和特色民宿，不定期开展特色文化娱乐和生态旅游等活动。

森林步道：穿越园区规划的森林区域，串联古驿道、古镇古村落和自然历史文化遗迹，具有不同的自然风光和历史文化特征，全线森林占比75%以上。

第七条　申报认定广东省林长绿美园称号的单位，应当提交以下材料：

（一）林长绿美园申报书；

（二）林长绿美园实施方案；

（三）林长绿美园建设项目佐证材料：

（1）申报单位营业执照或组织机构代码证（复印件）；

（2）申报区域的土地权属或林地、林木权属证明（复印件）；

（3）主题特色相关证明材料，包括文件资料、媒体报道、统计数据、投入资金、社会影响等；

（4）园区规划、运行和管理情况等材料；

（5）其他证明与支持材料。

第八条　符合要求的单位向所在县（市、区）林长办申报，由县（市、区）林长办审查并签署意见后报地级以上市林长办复审，通过后申报至省林长办。省级及以上部门（单位）可直接向省林长办进行申报。

第九条　省林长办组织专家对地级以上市林长办推荐的单位进行评审和实地抽查，经综合评定、公示结果并按程序报批后，由省林长办授予"广东省林长绿美园"称号。

第十条　对已认定的广东省林长绿美园实行动态监测，由省林长办适时组织复查，并发布林长绿美园复查结果。经复查合格的，保留"广东省林长绿美园"称号；复查不合格的，提出限期整改意见，整改后仍未达到广东省林长绿美园相关要求的，由省林长办取消其称号，并向社会公布。

第十一条　经省林长办认定公布的广东省林长绿美园，优先享受国家和省有关扶持政策。

（一）优先享受国家和省级森林草原资源保护发展等有关扶持政策。

（二）优先向金融机构、公益机构、社会推介，争取金融贷款、社会资金的支持。

（三）优先向发改、经信、教育、科技、关工委等有关部门、机构或群团组织推荐，享受技改、研学、科研、关心下一代等有关支持政策。

（四）优先享受其他相关扶持政策。

第十二条 各级林长办应对广东省林长绿美园发展提供支持与服务，推动品质提升，不断创新发展。

（一）组织相关专家考察广东省林长绿美园，请其对区域的林业高质量发展提出指导性意见。

（二）支持鼓励广东省林长绿美园整合资源、优化布局，形成品牌效应。

（三）组织广东省林长绿美园的工作人员交流培训，提高有关人员的业务水平和能力。

第十三条 本指引由省林长办负责解释。